이 책의 머리말

이솝 우화에 나오는 '여우와 신포도' 이야기를 떠올려 볼까요?
배가 고픈 여우가 포도를 따 먹으려고 하지만 손이 닿지 않았어요.
그러자 여우는 포도가 시고 맛없을 것이라고 말하며 포기하고 말았죠.

만약 여러분이라면 어떻게 했을까요?
여우처럼 그럴듯한 핑계를 대며 포기했을 수도 있고,
의자나 막대기를 이용해서 마침내 포도를 따서 먹었을 수도 있어요.

어려움 앞에서 포기하지 않고
어떻게든 이루어 보려는 마음, 그 마음이 바로 '도전'입니다.
수학 앞에서 머뭇거리지 말고 뛰어넘으려는 마음을 가져 보세요.

"문제 해결의 길잡이 심화"는
여러분의 도전이 빛날 수 있도록 길을 밝혀 줄 거예요.
도전하려는 마음이 생겼다면, 이제 출발해 볼까요?

이 책의 구성

전략 세움
해결 전략 수립으로 상위권 실력에 도전하기

익히기
문제를 분석하고 해결 전략을 세운 후에 단계적으로 풀이합니다. 이 과정을 반복하여 집중 연습하면 스스로 해결하는 힘이 길러집니다.

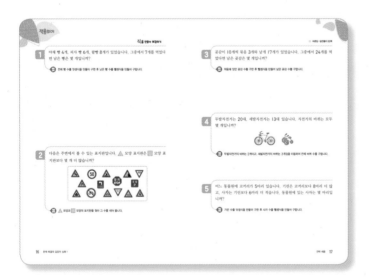

적용하기
스스로 문제를 분석한 후에 주어진 해결 전략을 참고하여 문제를 풀이합니다. 혼자서 해결 전략을 세울 수 있다면 바로 풀이해도 됩니다.

최고의 실력으로 이끌어 주는 문제 풀이 동영상

해결 전략을 세우는 데 어려움이 있다면? 풀이 과정에 궁금증이 생겼다면?

문제 풀이 동영상을 보면서 해결 전략 수립과 풀이 과정을 확인합니다!

전략 이룸

해결 전략 완성으로 문장제·서술형 고난도 유형 도전하기

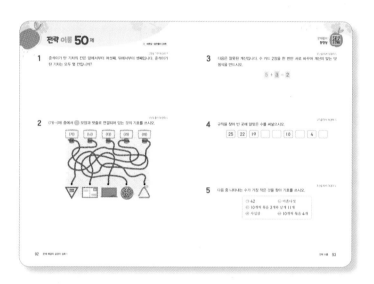

문제를 분석하여 스스로 해결 전략을 세우고 풀이하는 단계입니다. 이를 통해 고난도 유형을 풀어내는 향상된 실력을 확인합니다.

경시 대비 평가 [별책]

최고 수준 문제로 교내외 경시 대회 도전하기

문해길 학습의 최종 단계입니다. 최고 수준 문제로 각종 경시 대회를 준비합니다.

이 책의 차례

도전1 전략 세움

식을 만들어 해결하기
익히기 10
적용하기 16
도전, 창의사고력 20

그림을 그려 해결하기
익히기 22
적용하기 30
도전, 창의사고력 34

표를 만들어 해결하기
익히기 36
적용하기 44
도전, 창의사고력 48

거꾸로 풀어 해결하기
익히기 50
적용하기 58
도전, 창의사고력 62

규칙을 찾아 해결하기
익히기 64
적용하기 72
도전, 창의사고력 76

조건을 따져 해결하기

익히기 ·· 78

적용하기 ·· 86

도전, 창의사고력 ·· 90

도전2 전략 이룸 50제

1~10 ··· 92

11~20 ··· 96

21~30 ··· 100

31~40 ··· 104

41~50 ··· 108

도전3 경시 대비 평가 [별책]

1회 ··· 2

2회 ··· 7

3회 ··· 12

[바른답 · 알찬풀이]

도전 1 전략 세움

해결 전략 수립으로 상위권 실력에 도전하기

		쪽수	공부한 날		확인
식을 만들어 해결하기	**익히기**	10 ~ 11쪽	월	일	
		12 ~ 13쪽	월	일	
		14 ~ 15쪽	월	일	
	적용하기	16 ~ 17쪽	월	일	
		18 ~ 19쪽	월	일	
그림을 그려 해결하기	**익히기**	22 ~ 23쪽	월	일	
		24 ~ 25쪽	월	일	
		26 ~ 27쪽	월	일	
		28 ~ 29쪽	월	일	
	적용하기	30 ~ 31쪽	월	일	
		32 ~ 33쪽	월	일	
표를 만들어 해결하기	**익히기**	36 ~ 37쪽	월	일	
		38 ~ 39쪽	월	일	
		40 ~ 41쪽	월	일	
		42 ~ 43쪽	월	일	
	적용하기	44 ~ 45쪽	월	일	
		46 ~ 47쪽	월	일	
거꾸로 풀어 해결하기	**익히기**	50 ~ 51쪽	월	일	
		52 ~ 53쪽	월	일	
		54 ~ 55쪽	월	일	
		56 ~ 57쪽	월	일	
	적용하기	58 ~ 59쪽	월	일	
		60 ~ 61쪽	월	일	
규칙을 찾아 해결하기	**익히기**	64 ~ 65쪽	월	일	
		66 ~ 67쪽	월	일	
		68 ~ 69쪽	월	일	
		70 ~ 71쪽	월	일	
	적용하기	72 ~ 73쪽	월	일	
		74 ~ 75쪽	월	일	
조건을 따져 해결하기	**익히기**	78 ~ 79쪽	월	일	
		80 ~ 81쪽	월	일	
		82 ~ 83쪽	월	일	
		84 ~ 85쪽	월	일	
	적용하기	86 ~ 87쪽	월	일	
		88 ~ 89쪽	월	일	

수학의 모든 문제는 8가지 해결 전략으로 통한다!
문·해·길 전략 세움으로 문제 해결력 상승!

1 식을 만들어 해결하기
문제에 주어진 상황과 조건을 수와 계산 기호로 나타내어 해결하는 전략

2 그림을 그려 해결하기
문제에 주어진 조건과 관계를 간단한 도형, 수직선 등으로 나타내어 해결하는 전략

3 표를 만들어 해결하기
문제에 제시된 수 사이의 대응 관계를 표로 나타내어 해결하는 전략

4 거꾸로 풀어 해결하기
문제 안에 조건에 대한 결과가 주어졌을 때 결과에서부터 거꾸로 생각하여 해결하는 전략

5 규칙을 찾아 해결하기
문제에 주어진 정보를 분석하여 그 안에 숨어 있는 규칙을 찾아 해결하는 전략

6 예상과 확인으로 해결하기
문제의 답을 미리 예상해 보고 그 답이 문제의 조건에 맞는지 확인하는 과정을 반복하여
해결하는 전략

7 조건을 따져 해결하기
문제에 주어진 조건을 따져가며 차례대로 실마리를 찾아 해결하는 전략

8 단순화하여 해결하기
문제에 제시된 상황이 복잡한 경우 이것을 간단한 상황으로 단순하게 나타내어 해결하는 전략

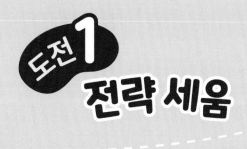

식을 만들어 해결하기

식을 만들어 해결하기

1 놀이터에 있는 남자 어린이는 **2**명이고, 여자 어린이는 남자 어린이보다 **4**명 더 많습니다. 놀이터에 있는 어린이는 모두 몇 명입니까?

문제분석

구하려는 것에 **밑줄을 긋고** 주어진 조건을 **정리해** 보시오.

• 놀이터에 있는 남자 어린이 수: ☐ 명

• 여자 어린이는 남자 어린이보다 ☐ 명 더 많습니다.

해결전략

• 놀이터에 있는 여자 어린이 수는 (덧셈식 , 뺄셈식)을 만들어 구합니다.

• 놀이터에 있는 어린이 수는 (덧셈식 , 뺄셈식)을 만들어 구합니다.

풀이

❶ 놀이터에 있는 여자 어린이는 몇 명인지 구하기

(놀이터에 있는 여자 어린이 수)

= (놀이터에 있는 남자 어린이 수) + ☐

= ☐ + ☐ = ☐ (명)

❷ 놀이터에 있는 어린이는 모두 몇 명인지 구하기

(놀이터에 있는 어린이 수)

= (놀이터에 있는 남자 어린이 수) + (놀이터에 있는 여자 어린이 수)

= ☐ + ☐ = ☐ (명)

답

☐ 명

2 민주는 색종이를 12장 가지고 있었습니다. 그중에서 종이학을 접는 데 5장, 종이배를 접는 데 3장 사용했습니다. 남은 색종이는 몇 장입니까?

문제 분석

구하려는 것에 밑줄을 긋고 주어진 조건을 정리해 보시오.

• 처음 가지고 있던 색종이 수: ☐장

• 종이학을 접는 데 사용한 색종이 수: ☐장

• 종이배를 접는 데 사용한 색종이 수: ☐장

해결 전략

• 종이학을 접고 남은 색종이 수는 (덧셈식 , 뺄셈식)을 만들어 구합니다.

• 종이배를 접고 남은 색종이 수는 (덧셈식 , 뺄셈식)을 만들어 구합니다.

풀이

❶ 종이학을 접고 남은 색종이는 몇 장인지 구하기

❷ 종이배를 접고 남은 색종이는 몇 장인지 구하기

답

식을 만들어 해결하기

3 성희네 반 학급 문고에 있는 동화책은 55권이고, 위인전은 동화책보다 13권 더 적습니다. 학급 문고에 있는 동화책과 위인전은 모두 몇 권입니까?

문제 분석

구하려는 것에 밑줄을 긋고 주어진 조건을 정리해 보시오.

• 학급 문고에 있는 동화책 수: ☐ 권

• 위인전은 동화책보다 ☐ 권 더 적습니다.

해결 전략

• 학급 문고에 있는 위인전 수는 (덧셈식 , 뺄셈식)을 만들어 구합니다.

• 학급 문고에 있는 동화책과 위인전의 수는 (덧셈식 , 뺄셈식)을 만들어 구합니다.

풀이

❶ 학급 문고에 있는 위인전은 몇 권인지 구하기

(학급 문고에 있는 위인전 수)

= (학급 문고에 있는 동화책 수) − ☐

= ☐ − ☐ = ☐ (권)

❷ 학급 문고에 있는 동화책과 위인전은 모두 몇 권인지 구하기

(학급 문고에 있는 동화책과 위인전의 수)

= (학급 문고에 있는 동화책 수) + (학급 문고에 있는 위인전 수)

= ☐ + ☐ = ☐ (권)

답

☐ 권

4 세호는 딸기 맛 젤리 31개와 포도 맛 젤리 43개를 가지고 있었습니다. 그중에서 14개를 먹었다면 남은 젤리는 몇 개입니까?

문제 분석

구하려는 것에 밑줄을 긋고 주어진 조건을 정리해 보시오.

• 처음에 가지고 있던 젤리 수: 딸기 맛 ☐개, 포도 맛 ☐개

• 먹은 젤리 수: ☐개

해결 전략

• 처음에 가지고 있던 젤리 수는 (덧셈식 , 뺄셈식)을 만들어 구합니다.

• 먹고 남은 젤리 수는 (덧셈식 , 뺄셈식)을 만들어 구합니다.

풀이

❶ 처음에 가지고 있던 젤리는 몇 개인지 구하기

❷ 먹고 남은 젤리는 몇 개인지 구하기

답

익히기

5 오른쪽은 , , 모양을 이용하여 만든 모양입니다. 가장 많이 이용한 모양은 가장 적게 이용한 모양보다 몇 개 더 많습니까?

문제 분석

구하려는 것에 밑줄을 긋고 주어진 조건을 정리해 보시오.

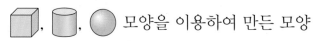, , 모양을 이용하여 만든 모양

해결 전략

• 모양을 만드는 데 이용한 각 모양의 수를 구합니다.
• (덧셈식 , 뺄셈식)을 만들어 가장 많이 이용한 모양은 가장 적게 이용한 모양보다 몇 개 더 많은지 구합니다.

풀이

❶ 모양을 만드는 데 이용한 , , 모양은 각각 몇 개인지 구하기

모양: [ ]개,   모양: [ ]개,   모양: [ ]개

❷ 가장 많이 이용한 모양과 가장 적게 이용한 모양 알아보기

[ ] > [ ] > [ ] 이므로

가장 많이 이용한 모양은 (, ,) 모양이고,

가장 적게 이용한 모양은 (, ,) 모양입니다.

❸ 가장 많이 이용한 모양은 가장 적게 이용한 모양보다 몇 개 더 많은지 구하기

가장 많이 이용한 모양은 가장 적게 이용한 모양보다

[ ] - [ ] = [ ] (개) 더 많습니다.

답 [ ]개

6 오른쪽은 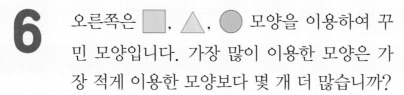, ▲, ● 모양을 이용하여 꾸민 모양입니다. 가장 많이 이용한 모양은 가장 적게 이용한 모양보다 몇 개 더 많습니까?

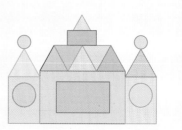

 문제 분석

구하려는 것에 밑줄을 긋고 주어진 조건을 정리해 보시오.

■, ▲, ● 모양을 이용하여 꾸민 모양

해결 전략

• 모양을 꾸미는 데 이용한 각 모양의 수를 구합니다.
• (덧셈식 , 뺄셈식)을 만들어 가장 많이 이용한 모양은 가장 적게 이용한 모양보다 몇 개 더 많은지 구합니다.

 풀이

❶ 모양을 꾸미는 데 이용한 ■, ▲, ● 모양은 각각 몇 개인지 구하기

❷ 가장 많이 이용한 모양과 가장 적게 이용한 모양 알아보기

❸ 가장 많이 이용한 모양은 가장 적게 이용한 모양보다 몇 개 더 많은지 구하기

답

식을 만들어 해결하기

1 야채 빵 4개, 피자 빵 6개, 팥빵 8개가 있었습니다. 그중에서 7개를 먹었다면 남은 빵은 몇 개입니까?

> **해결 전략** 전체 빵 수를 덧셈식을 만들어 구한 후 남은 빵 수를 뺄셈식을 만들어 구합니다.

2 다음은 주변에서 볼 수 있는 표지판입니다. △ 모양 표지판은 ⬜ 모양 표지판보다 몇 개 더 많습니까?

> **해결 전략** △ 모양과 ⬜ 모양의 표지판을 찾아 그 수를 세어 봅니다.

3 곶감이 10개씩 묶음 3개와 낱개 17개가 있었습니다. 그중에서 24개를 먹었다면 남은 곶감은 몇 개입니까?

해결
전략 처음에 있던 곶감 수를 구한 후 뺄셈식을 만들어 남은 곶감 수를 구합니다.

4 두발자전거는 20대, 세발자전거는 13대 있습니다. 자전거의 바퀴는 모두 몇 개입니까?

해결
전략 두발자전거의 바퀴는 2개이고, 세발자전거의 바퀴는 3개임을 이용하여 전체 바퀴 수를 구합니다.

5 어느 동물원에 코끼리가 5마리 있습니다. 기린은 코끼리보다 8마리 더 많고, 사자는 기린보다 6마리 더 적습니다. 동물원에 있는 사자는 몇 마리입니까?

해결
전략 기린 수를 덧셈식을 만들어 구한 후 사자 수를 뺄셈식을 만들어 구합니다.

식을 만들어 해결하기

6 수지가 주변을 보고 만든 모양입니다. 전망대와 자동차 모양을 만드는 데 이용한 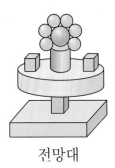 모양은 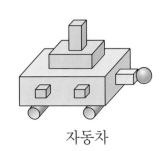 모양보다 몇 개 더 많습니까?

전망대   자동차

해결 전략 전망대와 자동차 모양을 만드는 데 이용한 ▢ 모양과 ● 모양의 수를 각각 세어 봅니다.

7 태권도는 우리나라 전통 무예를 바탕으로 한 운동 경기로 시드니 올림픽에서 정식 종목으로 채택되었습니다. 태권도의 점수를 얻는 방법을 보고 민호와 세준이가 얻은 점수를 각각 구하시오.

< 점수를 얻는 방법 >

부위	공격	점수
머리	회전 공격	4점
머리	공격	3점
몸통	회전 공격	3점
몸통	발 공격	2점
몸통	주먹 공격	1점

민호

점수를 얻은 공격
- 몸통 회전 공격 1회
- 몸통 발 공격 1회
- 몸통 주먹 공격 1회

세준

점수를 얻은 공격
- 머리 회전 공격 1회
- 몸통 회전 공격 2회

해결 전략 민호와 세준이가 각 공격에서 얻은 점수를 각각 찾은 후 덧셈식을 만들어 두 사람이 얻은 점수를 각각 구합니다.

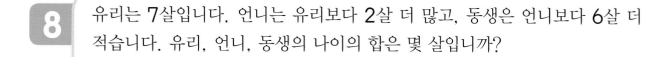

8 유리는 7살입니다. 언니는 유리보다 2살 더 많고, 동생은 언니보다 6살 더 적습니다. 유리, 언니, 동생의 나이의 합은 몇 살입니까?

> **해결 전략** 언니와 동생의 나이를 각각 구한 후 덧셈식을 만들어 세 사람의 나이의 합을 구합니다.

9 색연필을 민아는 15자루, 윤호는 58자루 가지고 있었습니다. 윤호가 민아에게 한 묶음에 10자루씩 들어 있는 색연필 2묶음과 낱개 4자루를 주었습니다. 누가 색연필을 몇 자루 더 많이 가지고 있습니까?

> **해결 전략** 색연필을 받은 사람은 덧셈식을, 준 사람은 뺄셈식을 만들어 민아와 윤호가 가지고 있는 색연필 수를 각각 구합니다.

10 냉장고에 수박, 참외, 멜론이 모두 15개 있습니다. 수박과 참외 수의 합은 8개이고, 참외와 멜론 수의 합은 11개입니다. 냉장고에 수박, 참외, 멜론은 각각 몇 개씩 있습니까?

> **해결 전략** 주어진 조건을 각각 덧셈식으로 나타낸 후 만든 덧셈식을 이용하여 냉장고에 있는 수박, 참외, 멜론 수를 각각 구합니다.

도전, 창의사고력

각 보석은 0부터 9까지의 수 중 하나를 나타내고 같은 보석은 같은 수를 나타냅니다. 다음 조건을 보고 주머니의 빈 곳에 알맞은 수를 구하시오.

- 각 줄의 옆으로 나란히 있는 3개의 보석이 나타내는 수를 모두 더하면 오른쪽 주머니에 적힌 수가 됩니다.
- 각 줄의 아래로 나란히 있는 3개의 보석이 나타내는 수를 모두 더하면 아래의 주머니에 적힌 수가 됩니다.

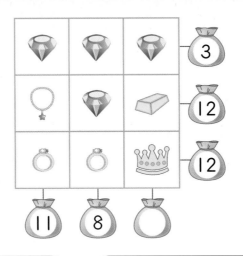

빈 곳에 알맞은 수를 어떻게 구하지?

💎+💎+💎=3이 되는 수를 생각하여 💎가 나타내는 수를 먼저 구해요!

그림을 그려 해결하기

1 선호네 반 학생들이 달리기를 하고 있습니다. 선호는 앞에서 둘째, 뒤에서 다섯째로 달리고 있습니다. 달리기를 하고 있는 학생은 모두 몇 명입니까?

문제 분석

구하려는 것에 밑줄을 긋고 주어진 조건을 정리해 보시오.

선호는 앞에서 (둘째 , 다섯째), 뒤에서 (둘째 , 다섯째)로 달리고 있습니다.

해결 전략

선호가 달리고 있는 위치를 그림으로 나타내어 선호네 반 학생 수를 알아봅니다.

풀이

❶ 선호의 앞과 뒤에서 달리고 있는 학생을 ◯로 나타내기

(앞)   (뒤)

선호

❷ 달리기를 하고 있는 학생은 모두 몇 명인지 구하기

선호 앞에 ☐명, 뒤에 ☐명이 있으므로 달리기를 하고 있는 학생은 모두 ☐명입니다.

답 ☐명

바른답·알찬풀이 03쪽

2 놀이 기구를 타기 위해 **30**명이 한 줄로 서 있습니다. 유미는 앞에서 **23**째에 서 있고 재민이는 뒤에서 셋째에 서 있습니다. 유미와 재민이 사이에 서 있는 사람은 몇 명입니까?

문제 분석

구하려는 것에 밑줄을 긋고 주어진 조건을 정리해 보시오.

• 놀이 기구를 타기 위해 한 줄로 서 있는 사람 수: ☐명

• 유미는 (앞에서 , 뒤에서) **23**째, 재민이는 (앞에서 , 뒤에서) 셋째에 서 있습니다.

해결 전략

유미와 재민이가 줄을 서 있는 위치를 그림으로 나타내어 두 사람 사이에 서 있는 사람 수를 알아봅니다.

풀이

❶ 줄을 서 있는 사람을 ◯로 나타내기

❷ 유미와 재민이 사이에 서 있는 사람은 몇 명인지 구하기

답

3 그림과 같이 색종이를 2번 접은 후 펼쳤습니다. 접은 선을 따라 모두 잘랐을 때 ▲ 모양은 몇 개 만들어집니까?

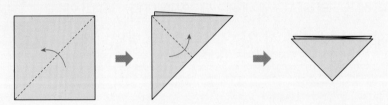

문제 분석 구하려는 것에 밑줄을 긋고 주어진 조건을 정리해 보시오.

• 색종이를 2번 접은 모양

• 접은 선을 따라 자릅니다.

해결 전략 색종이를 2번 접은 후 펼쳤을 때의 모양을 알아봅니다.

풀이

❶ 색종이를 2번 접은 후 펼쳤을 때 접은 선을 점선으로 나타내기

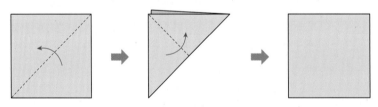

❷ 접은 선을 따라 모두 잘랐을 때 ▲ 모양은 몇 개 만들어지는지 구하기

접은 선을 따라 모두 잘랐을 때 ▲ 모양은 ☐ 개 만들어집니다.

답 ☐ 개

그림과 같이 색종이를 2번 접은 후 ⬤ 모양을 그렸습니다. 그린 모양을 오렸을 때 ⬤ 모양은 몇 개 만들어집니까?

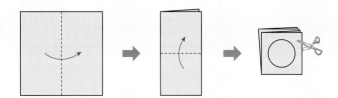

문제 분석

구하려는 것에 밑줄을 긋고 주어진 조건을 정리해 보시오.

• 색종이를 2번 접은 후 ⬤ 모양을 그린 그림

• 그린 모양을 오립니다.

해결 전략

색종이를 2번 접은 후 ⬤ 모양을 그려서 가위로 오렸을 때의 모양을 알아봅니다.

풀이

❶ 색종이를 2번 접은 후 ⬤ 모양을 그려서 오렸을 때의 모양을 그림으로 나타내기

❷ 그린 모양을 오렸을 때 ⬤ 모양은 몇 개 만들어지는지 구하기

답

5 빗자루, 쓰레받기, 대걸레의 길이를 비교한 것입니다. 길이가 짧은 물건부터 차례로 쓰시오.

> • 빗자루는 쓰레받기보다 더 짧습니다.
> • 대걸레는 쓰레받기보다 더 깁니다.

문제 분석

구하려는 것에 **밑줄을 긋고** 주어진 조건을 정리해 보시오.
• 빗자루는 쓰레받기보다 더 (깁니다 , 짧습니다).
• 대걸레는 쓰레받기보다 더 (깁니다 , 짧습니다).

해결 전략

왼쪽 끝을 시작점으로 맞추고 빗자루, 쓰레받기, 대걸레를 모양으로 나타내어 오른쪽 끝을 비교해 봅니다.

풀이

❶ 빗자루, 쓰레받기, 대걸레의 길이를 비교하여 ▭ 모양으로 그리기
쓰레받기는 빗자루보다 더 (길게 , 짧게), 대걸레는 쓰레받기보다
더 (길게 , 짧게) 그립니다.

빗자루	▬▬▬▬
쓰레받기	
대걸레	

❷ 길이가 짧은 물건부터 차례로 쓰기
❶의 그림에서 오른쪽 끝을 비교하여 길이가 가장 짧은 물건부터
차례로 쓰면 [　　], [　　], [　　]입니다.

답 [　　], [　　], [　　]

6 슬기, 고은, 다현, 현지의 키를 비교한 것입니다. 키가 두 번째로 큰 사람은 누구입니까?

> • 슬기는 다현이보다 더 작습니다.
> • 고은이는 슬기보다 더 작고 현지보다 더 큽니다.

문제 분석

구하려는 것에 밑줄을 긋고 주어진 조건을 정리해 보시오.
• 슬기는 다현이보다 더 (큽니다 , 작습니다).
• 고은이는 슬기보다 더 (크고 , 작고) 현지보다 더 (큽니다 , 작습니다).

해결 전략

아래쪽 끝을 시작점으로 맞추고 슬기, 고은, 다현, 현지의 키를 ▯ 모양으로 나타내어 위쪽 끝을 비교해 봅니다.

풀이

❶ 슬기, 고은, 다현, 현지의 키를 비교하여 ▯ 모양으로 그리기

❷ 키가 두 번째로 큰 사람은 누구인지 구하기

답

7 버스에 남자 8명과 여자 4명이 타고 있었습니다. 이번 정류장에서 몇 명이 내렸더니 7명이 남았습니다. 이번 정류장에서 내린 사람은 몇 명입니까?

문제 분석

구하려는 것에 밑줄을 긋고 주어진 조건을 정리해 보시오.

• 처음 버스에 타고 있던 사람 수: 남자 [ ]명, 여자 [ ]명

• 이번 정류장에서 내리고 남은 사람 수: [ ]명

해결 전략

버스에 타고 있던 사람 수만큼 ○를 그린 다음 ○가 [ ]개 남을 때까지 /으로 지워 봅니다.

풀이

❶ 처음 버스에 타고 있던 사람 수만큼 ○를 그리기

○ ○ ○

❷ ❶의 그림에 ○가 7개 남을 때까지 ○를 /으로 지우기

/으로 지운 ○를 세어 보면 [ ]개입니다.

❸ 이번 정류장에서 내린 사람은 몇 명인지 구하기

이번 정류장에서 내린 사람은 [ ]명입니다.

답 [ ]명

8 현지는 인형 뽑는 기계에서 곰 인형 6개, 토끼 인형 1개, 코알라 인형 3개를 뽑았습니다. 그중에서 동생에게 몇 개를 주었더니 4개가 남았습니다. 현지가 동생에게 준 인형은 몇 개입니까?

문제 분석

구하려는 것에 밑줄을 긋고 주어진 조건을 정리해 보시오.

• 현지가 뽑은 인형 수: 곰 인형 ☐개, 토끼 인형 ☐개,

  코알라 인형 ☐개

• 동생에게 주고 남은 인형 수: ☐개

해결 전략

현지가 뽑은 인형 수만큼 ◯를 그린 다음 ◯가 ☐개 남을 때까지 /으로 지워 봅니다.

풀이

❶ 현지가 뽑은 인형 수만큼 ◯를 그리기

❷ ❶의 그림에 ◯가 4개 남을 때까지 ◯를 /으로 지우기

❸ 현지가 동생에게 준 인형은 몇 개인지 구하기

답

1 어느 건물의 승강기가 1층부터 아래에서 다섯째, 위에서 넷째 층에 멈춰 있습니다. 이 건물은 몇 층까지 있습니까? (단, 건물의 지하 층은 생각하지 않습니다.)

> 해결
> 전략 승강기가 멈춰 있는 위치를 그림으로 나타내어 건물이 모두 몇 층인지 알아봅니다.

2 지민이가 체험 학습 장소에 도착해서 시계를 보았더니 9시 30분이었습니다. 시계의 짧은바늘과 긴바늘의 좁은 쪽 사이에 있는 숫자는 모두 몇 개입니까?

> 해결
> 전략 체험 학습 장소에 도착한 시각에 맞게 시계에 짧은바늘과 긴바늘을 그려 봅니다.

3 수빈이네 모둠 학생은 모두 13명입니다. 남학생이 여학생보다 1명 더 적다면 남학생은 몇 명입니까?

> 해결
> 전략 전체 학생 수에서 1명을 뺀 후 남은 학생 수를 똑같이 ○로 나누어 그려 봅니다.

4 다음은 한별이가 세계 여러 나라의 넓이를 비교한 것입니다. 미국, 중국, 브라질, 러시아를 좁은 나라부터 차례로 쓰시오.

미국   중국   브라질   러시아

- 미국은 중국보다 더 넓습니다.
- 브라질은 중국보다 더 좁습니다.
- 러시아는 네 나라 중 가장 넓습니다.

해결
전략 미국을 먼저 모양으로 그린 다음 넓이를 비교하여 중국, 브라질, 러시아를 ▓ 모양으로 그려 봅니다.

5 그림에서 점과 점을 곧은 선으로 연결하여 (가)와 모양과 크기가 같은 △ 모양을 모두 몇 개 만들 수 있습니까? (단, (가)도 포함하여 생각합니다.)

해결
전략 (가)와 모양과 크기가 같게 점과 점을 곧은 선으로 연결해 봅니다.

6 과일 바구니에 사과, 파인애플, 복숭아가 모두 **24**개 들어 있습니다. 그중에서 사과는 **14**개이고, 파인애플과 복숭아의 수는 같습니다. 과일 바구니에 들어 있는 복숭아는 몇 개입니까?

> **해결전략** 전체 과일 수만큼 ○를 그린 후 사과 수만큼 /으로 지우고 남은 ○를 둘로 똑같이 나눕니다.

7 민호가 처음에 서 있던 곳에서 앞으로 **7**걸음씩 두 번 걸어간 다음 뒤로 돌아 왔던 길로 **4**걸음씩 세 번 걸었습니다. 지금 민호가 서 있는 곳은 처음에 서 있던 곳에서 몇 걸음 떨어진 곳입니까?

> **해결전략** 민호가 걸어간 길을 수직선에 그려 봅니다.

8 블록 **4**개를 이용하여 만든 오른쪽 모양을 위, 앞, 옆에서 보았을 때, ⬤ 모양은 모두 몇 개가 보입니까?

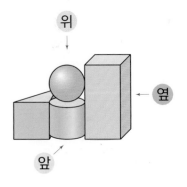

> **해결전략** 블록을 이용하여 만든 모양을 위, 앞, 옆에서 보았을 때의 모양을 각각 그려 봅니다.

9 윤아가 구슬 몇 개를 가지고 있었습니다. 윤아는 가지고 있던 구슬의 반을 지호에게 주고, 나머지의 반을 수아에게 주었더니 **3**개가 남았습니다. 처음 윤아가 가지고 있던 구슬은 몇 개입니까?

> **해결 전략** 윤아가 가지고 있던 구슬을 그림으로 나타낸 후 수아, 지호, 윤아 순서로 구슬 수를 구합니다.

10 복숭아 **1**개의 무게는 자두 **1**개와 키위 **2**개의 무게와 같고, 자두 **1**개와 멜론 **1**개의 무게는 복숭아 **1**개와 키위 **3**개의 무게와 같습니다. 멜론 **1**개의 무게는 키위 몇 개의 무게와 같습니까? (단, 같은 종류의 과일은 서로 무게가 같습니다.)

> **해결 전략** 과일 **1**개씩의 무게를 □, △ 등의 그림으로 나타내어 비교해 봅니다.

도전, 창의사고력

민성이네 반 학생들이 신체검사를 했습니다. 민성, 준영, 재현, 효준, 동수 5명이 몸무게를 잰 후 나눈 대화를 보고 몸무게가 무거운 사람부터 차례로 이름을 쓰시오.

나보다 무거운 사람은 3명이 있어.

민성

나는 민성이보다 가벼워.

준영

나는 둘째로 무거운 사람이 아니야.

재현

나는 재현이보다 무거워.

효준

나는 효준이보다 가볍지만 민성이보다 무거워.

동수

도전 **1**
전략 세움

표를 만들어 해결하기

1 체육 준비실에 있는 농구공과 축구공 수의 합은 8개입니다. 농구공이 축구공보다 4개 더 많다면 농구공은 몇 개입니까?

문제 분석

구하려는 것에 밑줄을 긋고 주어진 조건을 정리해 보시오.

• 농구공과 축구공 수의 합: ☐ 개

• 농구공은 축구공보다 ☐ 개 더 많습니다.

해결 전략

농구공과 축구공 수의 합이 ☐ 개인 경우를 표로 나타낸 다음 공의 수의 차가 ☐ 개가 되는 경우를 찾아봅니다.

풀이

❶ 농구공과 축구공 수의 합이 8개가 되도록 표를 완성하고 공의 수의 차 구하기

농구공 수(개)	7	6	5	4
축구공 수(개)	1			
공의 수의 차(개)				

❷ 체육 준비실에 있는 농구공은 몇 개인지 구하기

농구공이 축구공보다 ☐ 개 더 많으므로 ❶의 표에서 공의 수의 차가 ☐ 개인 경우를 찾으면 농구공이 ☐ 개, 축구공이 ☐ 개입니다.

따라서 체육 준비실에 있는 농구공은 ☐ 개입니다.

답 ☐ 개

2 은민이와 동생의 나이의 합은 13살이고 차는 5살입니다. 은민이의 나이는 몇 살입니까?

문제 분석

구하려는 것에 밑줄을 긋고 주어진 조건을 정리해 보시오.

• 은민이와 동생의 나이의 합: ☐ 살

• 은민이와 동생의 나이의 차: ☐ 살

해결 전략

은민이와 동생의 나이의 합이 ☐ 살인 경우를 표로 나타낸 다음 나이의 차가 ☐ 살이 되는 경우를 찾아봅니다.

풀이

❶ 은민이와 동생의 나이의 합이 13살이 되도록 표로 나타내고 나이의 차 구하기

❷ 은민이의 나이는 몇 살인지 구하기

답

3

수 카드 3 , 5 , 7 중에서 2장을 골라 한 번씩만 사용하여 몇십몇을 만들려고 합니다. 만들 수 있는 수 중에서 50보다 큰 수는 모두 몇 개입니까?

문제 분석

구하려는 것에 밑줄을 긋고 주어진 조건을 정리해 보시오.

• 수 카드에 적힌 수: ☐ , ☐ , ☐

• 수 카드 중에서 ☐ 장을 골라 몇십몇 만들기

해결 전략

수 카드 2장을 골라 한 장은 10개씩 묶음의 수로, 다른 한 장은 낱개의 수로 하여 몇십몇을 만들어 봅니다.

풀이

❶ 10개씩 묶음의 수와 낱개의 수가 될 수 있는 경우를 표로 나타내기

10개씩 묶음의 수	3	3	5	5		
낱개의 수	5					

❷ 만들 수 있는 몇십몇 모두 구하기

❶의 표에서 만들 수 있는 몇십몇은 35, ☐ , ☐ , ☐ ,

☐ , ☐ 입니다.

❸ 만들 수 있는 몇십몇 중에서 50보다 큰 수는 모두 몇 개인지 구하기

❷에서 구한 수 중에서 50보다 큰 수는 ☐ , ☐ , ☐ ,

☐ 로 모두 ☐ 개입니다.

답

☐ 개

4 상자 안에 들어 있는 공 ①, ④, ⑨ 중에서 **2**개를 꺼내 공에 적힌 수를 한 번씩만 사용하여 몇십 몇을 만들려고 합니다. 만들 수 있는 수 중에서 짝수는 모두 몇 개입니까?

문제 분석

구하려는 것에 밑줄을 긋고 주어진 조건을 정리해 보시오.

• 공에 적힌 수: ☐, ☐, ☐

• 상자에서 공 ☐개를 꺼내 몇십몇 만들기

해결 전략

공 2개를 꺼내 한 개는 10개씩 묶음의 수로, 다른 한 개는 낱개의 수로 하여 몇십몇을 만들어 봅니다.

풀이

❶ 10개씩 묶음의 수와 낱개의 수가 될 수 있는 경우를 표로 나타내기

❷ 만들 수 있는 몇십몇 모두 구하기

❸ 만들 수 있는 몇십몇 중에서 짝수는 모두 몇 개인지 구하기

답

5 승하는 , , 모양으로 강아지를 만들었습니다. 가와 나 중에서 이용한 , , 모양의 수가 승하와 같은 것은 어느 것입니까?

| 승하 | 가 | 나 |

문제분석 구하려는 것에 밑줄을 긋고 주어진 조건을 정리해 보시오.
승하가 만든 강아지 모양과 가와 나

해결전략 승하가 만든 모양과 가, 나를 만드는 데 이용한 , , 모양의 수를 표로 나타내 봅니다.

풀이 ❶ 승하가 만든 모양과 가, 나를 만드는 데 이용한 , , 모양의 수를 표로 나타내기

모양			
승하	3개		
가			
나			

❷ 가와 나 중에서 이용한 , , 모양의 수가 승하와 같은 것 구하기
가와 나를 만드는 데 이용한 각 모양의 수가 승하와 같은 것은
(가 , 나)입니다.

답

6 진원이는 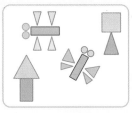 모양으로 꾸미기를 하였습니다. 가와 나 중에서 이용한 ⬛, 🔺, 🔵 모양의 수가 진원이와 같은 것은 어느 것입니까?

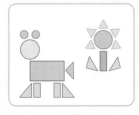

진원   가   나

 구하려는 것에 밑줄을 긋고 **주어진 조건**을 정리해 보시오.
진원이가 꾸미기 한 것과 가와 나

 꾸미기를 하는 데 이용한 ⬛, 🔺, 🔵 모양의 수를 표로 나타내 봅니다.

풀이 ❶ 꾸미기를 하는 데 이용한 ⬛, 🔺, 🔵 모양의 수를 표로 나타내기

❷ 가와 나 중에서 이용한 ⬛, 🔺, 🔵 모양의 수가 진원이와 같은 것 구하기

답

7 아현, 진석, 준우는 각자 다음과 같은 시각에 도서관에 도착하여 긴 바늘이 1바퀴 움직였을 때 도서관에서 나왔습니다. 2시에 도서관에서 나온 사람은 누구입니까?

아현	진석	준우

문제 분석 구하려는 것에 밑줄을 긋고 주어진 조건을 정리해 보시오.

• 세 사람이 도서관에 도착한 시각을 나타낸 시계

• 도착한 시각에서 (짧은바늘 , 긴바늘)이 ☐ 바퀴 움직였을 때 도서관에서 나왔습니다.

해결 전략 세 사람이 각각 도서관에 도착한 시각과 긴바늘이 ☐ 바퀴 움직였을 때의 시각을 표로 나타내 봅니다.

풀이 ❶ 도서관에 도착한 시각과 긴바늘이 1바퀴 움직였을 때의 시각을 표로 나타내기

긴바늘이 1바퀴 움직일 때 짧은바늘은 숫자 ☐ 칸을 움직입니다.

이름	아현	진석	준우
도착한 시각			
긴바늘이 1바퀴 움직였을 때의 시각			

❷ 2시에 도서관에서 나온 사람 구하기

❶의 표를 보면 2시에 도서관에서 나온 사람은 (아현 , 진석 , 준우)입니다.

답 ☐

8 재영, 민영, 희주, 석현이는 각자 다음과 같은 시각에 학교에서 출발하여 긴바늘이 2바퀴 움직였을 때 체험 학습 장소에 도착했습니다. 3시 30분에 체험 학습 장소에 도착한 사람은 누구입니까?

재영 민영 희주 석현

 문제 분석

구하려는 것에 밑줄을 긋고 주어진 조건을 정리해 보시오.

• 네 사람이 학교에서 출발한 시각을 나타낸 시계

• 출발한 시각에서 긴바늘이 ☐바퀴 움직였을 때 체험 학습 장소에 도착했습니다.

 해결 전략

네 사람이 학교에서 출발한 시각과 긴바늘이 ☐바퀴 움직였을 때의 시각을 표로 나타내 봅니다.

풀이

❶ 학교에서 출발한 시각과 긴바늘이 2바퀴 움직였을 때의 시각을 표로 나타내기

❷ 3시 30분에 체험 학습 장소에 도착한 사람 구하기

답

1 정원이와 동생은 색종이 6장을 나누어 가지려고 합니다. 정원이가 동생보다 색종이를 더 적게 가질 수 있는 방법은 모두 몇 가지입니까? (단, 정원이와 동생은 색종이를 적어도 한 장씩은 가집니다.)

> 해결
> 전략 정원이와 동생이 색종이 6장을 나누어 가지는 경우를 알아봅니다.

2 주어진 모양을 모두 이용하여 만든 모양을 찾아 기호를 쓰시오.

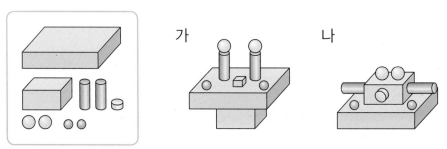

> 해결
> 전략 주어진 모양과 가, 나를 만드는 데 이용한 ⬜, 🔵, ⚪ 모양의 수를 표로 나타내 봅니다.

3 수혁이는 팽이 14개를 두 개의 상자에 똑같이 나누어 넣으려고 합니다. 수혁이는 상자 한 개에 팽이를 몇 개씩 넣어야 합니까?

> 해결
> 전략 14를 두 수로 가를 수 있는 경우를 알아봅니다.

4 은채가 서 있는 곳에서 공원의 시계를 보았더니 가로등에 가려서 시곗바늘이 보이지 않습니다. 다음 중 시계가 나타내는 시각이 될 수 없는 것을 찾아 기호를 쓰시오.

㉠ 12시	㉡ 5시
㉢ 6시 30분	㉣ 2시 30분

해결전략 시계의 짧은바늘과 긴바늘이 가리키는 숫자를 표로 나타내 봅니다.

5 거문고와 가야금은 우리나라의 전통 현악기로 줄의 수는 가야금이 거문고보다 6줄 더 많고 거문고와 가야금 줄의 수의 합은 18줄입니다. 거문고와 가야금의 줄은 각각 몇 줄입니까?

해결전략 가야금이 거문고보다 6줄 더 많도록 표로 나타낸 다음 줄의 수의 합이 18줄인 경우를 찾아봅니다.

6 조건을 만족하는 두 자리 수 ■▲는 모두 몇 개입니까?

> - ■와 ▲의 차는 5입니다.
> - 홀수입니다.

해결
전략 ■와 ▲의 차가 5가 되도록 표로 나타낸 다음 ▲가 홀수일 때를 찾아봅니다.

7 은주, 선빈, 선하가 젤리 13개를 나누어 먹었습니다. 선빈이는 은주보다 1개 더 먹었고, 선하는 선빈이보다 2개 더 먹었습니다. 선하가 먹은 젤리는 몇 개입니까?

해결
전략 은주, 선빈, 선하가 먹은 젤리 수를 표를 만들어 알아봅니다.

8 손으로 직접 만든 구두를 수제화라고 합니다. 수제화를 하루 동안 ㉮ 공방에서는 4켤레, ㉯ 공방에서는 3켤레 만듭니다. 5일 동안 ㉮와 ㉯ 공방에서 만든 수제화는 모두 몇 켤레입니까?

해결
전략 5일 동안 ㉮와 ㉯ 공방에서 만든 수제화 수를 표를 만들어 알아봅니다.

9 다음 모양에서 찾을 수 있는 크고 작은 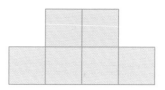 모양은 모두 몇 개입니까?

해결
전략
찾을 수 있는 크고 작은 [ ] 모양의 수를 세어 표로 나타내 봅니다.

10 우빈이와 유리가 가위바위보를 하여 계단을 오르고 있습니다. 두 사람 모두 아래에서 **6**번째 계단에서 시작하여 이기면 **2**계단을 오르고, 지면 **1**계단을 내려갑니다. 우빈이가 계속 이겨 유리보다 **12**계단 위에 서 있다면 가위바위 보는 몇 번 했습니까?

해결
전략
가위바위보를 1번, 2번, 3번…… 했을 때 우빈이와 유리가 서 있는 계단을 표로 나타내 봅니다.

지호와 친구들은 다음과 같은 점수판을 돌려 멈추었을 때 화살표가 가리키는 수를 점수로 얻는 놀이를 하고 있습니다.

(1) 지호와 친구들이 점수판을 2번 돌려 4점을 얻는 방법은 모두 몇 가지입니까? (단, 점수를 얻는 순서는 생각하지 않습니다.)

(2) 지호와 친구들이 점수판을 3번 돌려 9점을 얻는 방법은 모두 몇 가지입니까? (단, 점수를 얻는 순서는 생각하지 않습니다.)

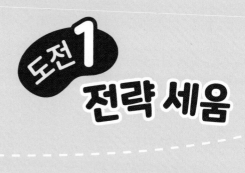

도전 **1**
전략 세움

거꾸로 풀어 해결하기

1 지하철 칸에 몇 명이 타고 있었는데 역에 도착하여 **7**명이 내리고 **3**명이 탔더니 지금 이 칸에 타고 있는 사람이 **4**명이 되었습니다. 역에 도착하기 전에 타고 있던 사람은 몇 명입니까?

문제 분석 ▸ 구하려는 것에 밑줄을 긋고 주어진 조건을 정리해 보시오.

• 역에 도착하여 내린 사람 수: ☐명, 탄 사람 수: ☐명

• 지금 지하철 칸에 타고 있는 사람 수: ☐명

해결 전략 ▸ 지금 지하철 칸에 타고 있는 사람 수에서 거꾸로 생각하여 역에 도착하기 전에 타고 있던 사람 수를 구합니다.

역에 도착하기 전에 타고 있던 사람 수 ➡ 7명 내림. ➡ 3명 탐. ➡ ☐명

풀이 ▸ ❶ 역에 도착하여 3명이 타기 전 지하철 칸에 타고 있던 사람은 몇 명인지 구하기
(3명이 타기 전 지하철 칸에 타고 있던 사람 수)
=(지금 지하철 칸에 타고 있는 사람 수)−(탄 사람 수)
=☐−☐=☐(명)

❷ 역에 도착하여 7명이 내리기 전 지하철 칸에 타고 있던 사람은 몇 명인지 구하기
(7명이 내리기 전 지하철 칸에 타고 있던 사람 수)
=(3명이 타기 전 지하철 칸에 타고 있던 사람 수)+(내린 사람 수)
=☐+☐=☐(명)

답 ▸ ☐명

2 수아는 재은이에게 공책 8권을 받은 후 민혁이에게 5권을 주었습니다. 수아에게 남은 공책이 9권이라면 처음 수아가 가지고 있던 공책은 몇 권입니까?

문제 분석

구하려는 것에 밑줄을 긋고 주어진 조건을 정리해 보시오.

• 재은이에게 받은 공책 수: ☐권

• 민혁이에게 준 공책 수: ☐권

• 수아에게 남은 공책 수: ☐권

해결 전략

수아에게 남은 공책 수에서 거꾸로 생각하여 처음 수아가 가지고 있던 공책 수를 구합니다.

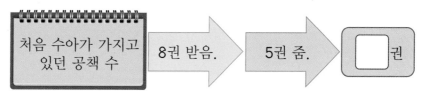

풀이

❶ 민혁이에게 5권을 주기 전 공책은 몇 권인지 구하기

❷ 재은이에게 8권을 받기 전 공책은 몇 권인지 구하기

답

3 민우는 가지고 있는 ⬛, 🛢, ⚪ 모양으로 오른쪽 모양을 만들려고 했더니 ⬛ 모양은 3개 남고, 🛢 모양은 1개 부족했습니다. ⚪ 모양은 남거나 부족하지 않았다면 민우가 가지고 있는 ⬛, 🛢, ⚪ 모양은 각각 몇 개입니까?

문제 분석

구하려는 것에 밑줄을 긋고 주어진 조건을 정리해 보시오.

• 민우가 만들려고 하는 모양

• 남은 것: ⬛ 모양 ☐ 개   • 부족한 것: 🛢 모양 ☐ 개

해결 전략

민우가 모양을 만드는 데 필요한 ⬛, 🛢, ⚪ 모양의 수에서 거꾸로 생각하여 민우가 가지고 있는 모양의 수를 각각 구합니다.

풀이

❶ 민우가 모양을 만드는 데 필요한 ⬛, 🛢, ⚪ 모양은 각각 몇 개인지 구하기

⬛ 모양: ☐ 개, 🛢 모양: ☐ 개, ⚪ 모양: ☐ 개

❷ 민우가 가지고 있는 ⬛, 🛢, ⚪ 모양은 각각 몇 개인지 구하기

⬛ 모양은 3개 남았으므로 ☐ + 3 = ☐ (개),

🛢 모양은 1개 부족했으므로 ☐ − ☐ = ☐ (개),

⚪ 모양은 남거나 부족하지 않으므로 ☐ 개 가지고 있습니다.

답

⬛ 모양: ☐ 개, 🛢 모양: ☐ 개, ⚪ 모양: ☐ 개

4 지수는 가지고 있는 ■, ▲, ● 모양으로 오른쪽과 같이 꾸미려고 했더니 ■ 모양은 **4**개 부족하고, ● 모양은 **3**개 남았습니다. ▲ 모양은 남거나 부족하지 않았다면 지수가 가지고 있는 ■, ▲, ● 모양은 각각 몇 개입니까?

문제 분석

구하려는 것에 밑줄을 긋고 주어진 조건을 정리해 보시오.

• 지수가 꾸미려고 하는 모양

• 부족한 것: ■ 모양 ☐ 개   • 남은 것: ● 모양 ☐ 개

해결 전략

지수가 모양을 꾸미는 데 필요한 ■, ▲, ● 모양의 수에서 거꾸로 생각하여 지수가 가지고 있는 모양의 수를 각각 구합니다.

풀이

❶ 지수가 모양을 꾸미는 데 필요한 ■, ▲, ● 모양은 각각 몇 개인지 구하기

❷ 지수가 가지고 있는 ■, ▲, ● 모양은 각각 몇 개인지 구하기

답

거꾸로 풀어 해결하기

5 영현이는 산 입구에서 출발하여 시계의 긴바늘이 **3**바퀴 움직였을 때 산 정상에 도착했습니다. 산 정상에 도착한 시각이 오른쪽과 같을 때 산 입구에서 출발한 시각을 구하시오.

문제분석

구하려는 것에 밑줄을 긋고 주어진 조건을 정리해 보시오.

• 산 정상에 도착한 시각을 나타낸 시계

• 산 입구에서 출발하여 산 정상에 도착할 때까지 긴바늘이 ☐바퀴 움직였습니다.

해결전략

영현이가 산 정상에 도착한 시각에서 거꾸로 생각하여 산 입구에서 출발한 시각을 구합니다.

풀이

❶ 영현이가 산 정상에 도착한 시각은 몇 시인지 구하기

짧은바늘이 ☐, 긴바늘이 ☐를 가리키므로 ☐시입니다.

❷ 영현이가 산 입구에서 출발한 시각은 몇 시인지 구하기

시계의 긴바늘이 **3**바퀴 움직이면 짧은바늘은 숫자 ☐칸을 움직입니다.

➡ 시계의 긴바늘이 **3**바퀴 움직이기 전 짧은바늘은 ☐을 가리키고,

긴바늘은 그대로 ☐를 가리킵니다.

따라서 영현이가 산 입구에서 출발한 시각은 ☐시입니다.

답

☐시

6 민주네 가족은 집에서 출발하여 시계의 긴바늘이 **2**바퀴 움직였을 때 바닷가에 도착했습니다. 바닷가에 도착한 시각이 오른쪽과 같을 때 집에서 출발한 시각을 구하시오.

문제분석 구하려는 것에 밑줄을 긋고 주어진 조건을 정리해 보시오.

• 바닷가에 도착한 시각을 나타낸 시계

• 집에서 출발하여 바닷가에 도착할 때까지 긴바늘이 ☐바퀴 움직였습니다.

해결전략 민주네 가족이 바닷가에 도착한 시각에서 거꾸로 생각하여 집에서 출발한 시각을 구합니다.

풀이 ❶ 민주네 가족이 바닷가에 도착한 시각은 몇 시인지 구하기

❷ 민주네 가족이 집에서 출발한 시각은 몇 시인지 구하기

답

7 어떤 수에 30을 더해야 하는데 잘못하여 뺐더니 25가 되었습니다. 바르게 계산하면 얼마입니까?

문제 분석 구하려는 것에 밑줄을 긋고 주어진 조건을 정리해 보시오.

• 바른 계산: (어떤 수)＋ ▢

• 잘못 계산한 식: (어떤 수)－ ▢ ＝ ▢

해결 전략

• 잘못 계산한 식을 만든 다음 거꾸로 생각하여 어떤 수를 구합니다.

• 거꾸로 생각하여 계산할 때는 뺄셈은 (덧셈 , 뺄셈)으로 바꾸어야 합니다.

풀이

❶ 어떤 수 구하기

(어떤 수)－ ▢ ＝ ▢ 이므로

▢ ＋ ▢ ＝(어떤 수), (어떤 수)＝ ▢ 입니다.

❷ 바르게 계산한 값 구하기

어떤 수는 ▢ 이므로 바르게 계산하면

▢ ＋ ▢ ＝ ▢ 입니다.

답 ▢

○ 바른답 • 알찬풀이 11쪽

8 수학 시간에 선생님께서 낸 문제를 보고 답을 구하시오.

> 어떤 수에서 32를 빼야 하는데 잘못하여 더했더니 74가 되었습니다. 바르게 계산하면 얼마입니까?

문제분석

구하려는 것에 밑줄을 긋고 주어진 조건을 정리해 보시오.

• 바른 계산: (어떤 수) − ☐

• 잘못 계산한 식: (어떤 수) + ☐ = ☐

해결전략

• 잘못 계산한 식을 만든 다음 거꾸로 생각하여 어떤 수를 구합니다.

• 거꾸로 생각하여 계산할 때는 덧셈은 (덧셈 , 뺄셈)으로 바꾸어야 합니다.

풀이

❶ 어떤 수 구하기

❷ 바르게 계산한 값 구하기

답

거꾸로 풀어 해결하기

1 오른쪽 그림에서 선끼리 마주 보는 두 수를 모으면 가운데 수가 되도록 빈 곳에 알맞은 수를 써넣으시오.

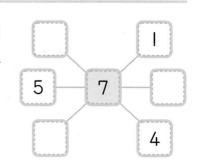

해결
전략 모으기와 가르기를 거꾸로 생각하여 빈 곳에 알맞은 수를 구합니다.

2 어떤 수보다 **2** 작은 수는 **83**입니다. 어떤 수보다 **2** 큰 수를 구하시오.

해결
전략 ☆ 큰 수와 ☆ 작은 수를 거꾸로 생각하여 어떤 수를 구합니다.

3 문구점에서 지우개를 **10**개씩 묶음 **3**개와 낱개 **2**개를 팔았더니 **14**개가 남았습니다. 처음 문구점에 있던 지우개는 몇 개입니까?

해결
전략 문구점에 남은 지우개 수에서 거꾸로 생각하여 처음 문구점에 있던 지우개 수를 구합니다.

바른답 • 알찬풀이 11쪽

4 소민이는 마카롱 몇 개를 가지고 있었습니다. 마카롱 6개를 사서 가지고 있는 마카롱을 모두 동생과 나누어 가졌습니다. 소민이와 동생이 5개씩 가졌다면 소민이가 처음에 가지고 있던 마카롱은 몇 개입니까?

해결전략 소민이와 동생이 나누어 가지기 전 마카롱 수를 구한 후 소민이가 처음에 가지고 있던 마카롱 수를 구합니다.

5 민욱이가 가지고 있던 ■, ▲, ● 모양의 수는 모두 같았습니다. 민욱이가 ■, ▲, ● 모양으로 다음과 같이 우주를 꾸미고 남은 ■ 모양은 3개입니다. 우주를 꾸미고 남은 ▲ 모양과 ● 모양은 각각 몇 개입니까?

< 민욱이가 꾸민 우주 >

해결전략 민욱이가 우주를 꾸미는 데 이용한 ■ 모양의 수에서 거꾸로 생각하여 민욱이가 가지고 있던 ■ 모양의 수를 구합니다.

6 색종이를 정수는 14장, 선미는 17장 가지고 있었습니다. 정수가 색종이 9장을 사용하고, 선미도 몇 장을 사용했더니 두 사람에게 남은 색종이 수가 같았습니다. 선미가 사용한 색종이는 몇 장입니까?

> **해결전략** 정수가 사용하고 남은 색종이 수를 구한 후 두 사람에게 남은 색종이 수가 같음을 이용합니다.

7 어떤 수에 42를 더해야 하는데 잘못하여 42의 10개씩 묶음의 수와 낱개의 수를 바꾸어 쓴 수를 뺐더니 21이 되었습니다. 바르게 계산하면 얼마입니까?

> **해결전략** 42의 10개씩 묶음의 수와 낱개의 수를 바꾸어 쓴 수를 알아본 후 잘못 계산한 식을 만들어 어떤 수를 구합니다.

8 오른쪽은 배구 경기가 끝났을 때 거울에 비친 시계입니다. 배구 경기가 시작된 후 시계의 긴바늘이 2바퀴 움직였을 때 경기가 끝났습니다. 배구 경기가 시작된 시각을 구하시오.

> **해결전략** 거울에 비친 시계가 나타내는 시각에서 거꾸로 생각하여 배구 경기가 시작된 시각을 구합니다.

9 물이 담긴 비커에 똑같은 추 여러 개를 넣었을 때 물의 높이를 나타낸 것입니다. 추를 모두 꺼냈을 때 물의 높이는 눈금 몇 칸이 됩니까?

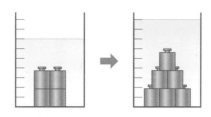

해결
전략 추 2개를 더 넣었을 때 물의 높이는 눈금 몇 칸만큼 올라가는지 알아봅니다.

10 청팀과 홍팀이 줄다리기를 하여 다음과 같이 점수를 얻거나 잃습니다. 같은 점수에서 시작하여 줄다리기를 3번 하였더니 청팀의 점수가 75점이 되었습니다. 청팀은 2번 이기고 1번 졌다면 처음 시작할 때 청팀의 점수는 몇 점입니까?

결과	이긴 경우	진 경우
점수	20점 얻음.	10점 잃음.

해결
전략 줄다리기를 3번 하여 얻거나 잃은 점수를 알아본 후 거꾸로 생각하여 처음 시작할 때 청팀의 점수를 구합니다.

새연이는 가장 위 칸의 수부터 가르기 한 수를 바로 아래 칸에 써넣는 것을 반복하여 수 피라미드를 만들고 있습니다. 다음은 새연이가 가장 아래 칸에 2, 4, 8이 놓이도록 만든 3층짜리 수 피라미드입니다.

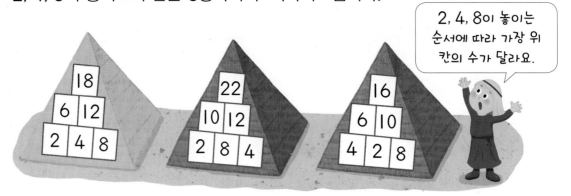

2, 4, 8이 놓이는 순서에 따라 가장 위 칸의 수가 달라요.

같은 방법으로 가장 아래 칸에 1, 2, 3, 4가 놓이도록 4층짜리 수 피라미드를 만들어 볼까요?

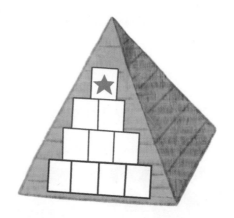

만든 수 피라미드에서 ★이 될 수 있는 수 중에서 가장 큰 수와 가장 작은 수를 각각 구하시오.

도전 **1**
전략 세움

규칙을 찾아 해결하기

1

다음은 승강기 안에 있는 숫자판입니다. 규칙을 찾아 ★과 ♥에 알맞은 수 중에서 더 큰 수를 구하시오.

문제 분석

구하려는 것에 밑줄을 긋고 주어진 조건을 정리해 보시오.

• 승강기 안에 있는 숫자판

• 1부터 ☐ 까지의 수가 규칙에 따라 쓰여 있습니다.

해결 전략

숫자판에서 오른쪽으로 한 칸 갈 때마다, 아래쪽으로 한 칸 갈 때마다 어떤 규칙이 있는지 찾아봅니다.

풀이

❶ 숫자판에서 규칙 찾기

• 오른쪽 방향: 1 − 2 − ☐ − ☐ − ☐ ······

　➡ 오른쪽으로 한 칸 갈 때마다 ☐ 씩 커집니다.

• 아래쪽 방향: 1 − 12 − ☐

　➡ 아래쪽으로 한 칸 갈 때마다 ☐ 씩 커집니다.

❷ ★과 ♥에 알맞은 수 중에서 더 큰 수 구하기

• 아래쪽 방향으로 9 − ☐ 이므로 ★ = ☐ 입니다.

• 오른쪽 방향으로 23 − ☐ − ☐ 이므로 ♥ = ☐ 입니다.

따라서 ★ = ☐ 과 ♥ = ☐ 중에서 더 큰 수는 ☐ 입니다.

답 ☐

2 규칙에 따라 사물함에 번호를 붙이고 있습니다. 🌙에 알맞은 수는 ☀️에 알맞은 수보다 얼마만큼 더 큰 수입니까?

·1·	·5·	·9·	·	·	·	·☀️·	·	·33·	·
·2·	·6·	·							
·3·	·7·	·					·🌙·		
·4·	·8·	·							

문제 분석

구하려는 것에 밑줄을 긋고 주어진 조건을 정리해 보시오.

• 사물함의 번호

• 규칙에 따라 사물함에 번호를 붙이고 있습니다.

해결 전략

사물함의 번호가 오른쪽으로 한 칸 갈 때마다, 아래쪽으로 한 칸 갈 때마다 어떤 규칙이 있는지 찾아봅니다.

풀이

❶ 사물함 번호에서 규칙 찾기

❷ 🌙에 알맞은 수는 ☀️에 알맞은 수보다 얼마만큼 더 큰 수인지 구하기

답

3 규칙에 따라 ⬜, ⬛, ⚪ 모양을 늘어놓았습니다. 14번째에 놓이는 모양은 어떤 모양입니까?

⚪ ⬛ ⚪ ⬜ ⚪ ⬛ ⚪ ⬜ ⚪ ⬛ ······

첫 번째

문제분석

구하려는 것에 밑줄을 긋고 주어진 조건을 정리해 보시오.

규칙에 따라 늘어놓은 ⬜, ⬛, ⚪ 모양

해결전략

모양이 반복되는 규칙을 찾아 14번째에 놓이는 모양을 알아봅니다.

풀이

❶ 모양이 반복되는 규칙 찾기

반복되는 부분마다 /로 표시해 보면

⚪ ⬛ ⚪ ⬜ ⚪ ⬛ ⚪ ⬜ ⚪ ⬛ ······

➡ ⚪ — ☐ — ☐ — ☐ 모양이 반복되는 규칙입니다.

❷ 14번째에 놓이는 모양 찾기

10번째에 놓이는 모양이 ☐ 모양이므로 10번째 놓이는 모양부터 규칙에 따라 알아봅니다.

☐ — ☐ — ☐ — ☐ — ☐

10번째　11번째　12번째　13번째　14번째

답 ☐ 모양

4 규칙에 따라 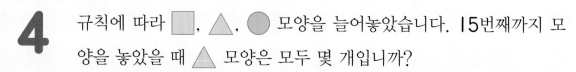 모양을 늘어놓았습니다. 15번째까지 모양을 놓았을 때 △ 모양은 모두 몇 개입니까?

첫 번째

문제 분석

구하려는 것에 **밑줄을 긋고** 주어진 조건을 **정리해** 보시오.

규칙에 따라 늘어놓은 ☐, △, ◯ 모양

해결 전략

모양이 반복되는 규칙을 찾아 15번째까지 놓이는 모양을 알아본 후 △ 모양의 수를 구합니다.

풀이

❶ 모양이 반복되는 규칙 찾기

❷ 15번째까지 모양을 늘어놓았을 때 △ 모양은 모두 몇 개인지 구하기

답

5 민준이네 가족이 여행을 가기 위해 타야 하는 기차는 다음과 같은 규칙으로 출발한다고 합니다. 네 번째 기차의 출발 시각을 구하시오.

   ……

첫 번째　　　　두 번째　　　　세 번째

 문제 분석 구하려는 것에 밑줄을 긋고 주어진 조건을 정리해 보시오.
- 첫 번째, 두 번째, 세 번째 기차의 출발 시각을 나타낸 시계
- 기차는 규칙에 따라 출발합니다.

해결 전략 기차가 출발하는 시각의 규칙을 찾아 네 번째 기차가 출발하는 시각을 구합니다.

 풀이

❶ 시곗바늘이 어떤 규칙으로 움직이는지 알아보기

　긴바늘은 모두 [ ]를 가리키고, 짧은바늘은 숫자 [ ]칸만큼씩 움직입니다.

❷ 네 번째 기차의 출발 시각 구하기

　세 번째 시계의 짧은바늘이 [ ]을 가리키므로 네 번째 시계의 짧은바늘은 숫자 [ ]칸만큼을 움직인 [ ]을 가리킵니다.

　따라서 네 번째 기차의 출발 시각은 시계의 짧은바늘이 [ ], 긴바늘이 [ ]를 가리키므로 [ ]시입니다.

답 [ ]시

6 예원이네 가족이 할머니 댁에 가기 위해 타야 하는 버스는 다음과 같은 규칙으로 출발한다고 합니다. 여섯 번째 버스의 출발 시각을 구하시오.

첫 번째   두 번째   세 번째   네 번째

구하려는 것에 밑줄을 긋고 **주어진 조건**을 정리해 보시오.
• 첫 번째, 두 번째, 세 번째, 네 번째 버스의 출발 시각을 나타낸 시계
• 버스는 규칙에 따라 출발합니다.

버스가 출발하는 시각의 규칙을 찾아 여섯 번째 버스가 출발하는 시각을 구합니다.

풀이 ❶ 시곗바늘이 어떤 규칙으로 움직이는지 알아보기

❷ 여섯 번째 버스의 출발 시각 구하기

답

7 승현이는 7일 동안 팔 굽혀 펴기를 했습니다. 승현이가 정한 규칙에 따라 팔 굽혀 펴기를 첫째 날은 5번, 둘째 날은 7번, 셋째 날은 9번 했다면 일곱째 날 승현이가 한 팔 굽혀 펴기는 몇 번입니까?

문제 분석

구하려는 것에 밑줄을 긋고 주어진 조건을 정리해 보시오.

• 팔 굽혀 펴기를 한 날수: ☐ 일

• 팔 굽혀 펴기 횟수: 첫째 날 ☐ 번, 둘째 날 ☐ 번, 셋째 날 ☐ 번

해결 전략

팔 굽혀 펴기 횟수가 늘어나는 규칙을 찾아 일곱째 날 승현이가 한 팔 굽혀 펴기 횟수를 구합니다.

풀이

❶ 전날에 비해 팔 굽혀 펴기 횟수가 몇 번씩 늘어나는지 구하기

팔 굽혀 펴기 횟수는 ☐ 번, ☐ 번, ☐ 번……이므로

☐ 번씩 늘어납니다.

❷ 일곱째 날 승현이가 한 팔 굽혀 펴기는 몇 번인지 구하기

(셋째 날 한 팔 굽혀 펴기 횟수)= ☐ 번

(넷째 날 한 팔 굽혀 펴기 횟수)= ☐ + ☐ = ☐ (번)

(다섯째 날 한 팔 굽혀 펴기 횟수)= ☐ + ☐ = ☐ (번)

(여섯째 날 한 팔 굽혀 펴기 횟수)= ☐ + ☐ = ☐ (번)

(일곱째 날 한 팔 굽혀 펴기 횟수)= ☐ + ☐ = ☐ (번)

답 ☐ 번

8 지오는 6일 동안 옥수수를 땄습니다. 지오가 정한 규칙에 따라 첫째 날은 1개, 둘째 날은 2개, 셋째 날은 4개, 넷째 날은 7개의 옥수수를 땄다면 여섯째 날 지오가 딴 옥수수는 몇 개입니까?

문제분석 구하려는 것에 밑줄을 긋고 주어진 조건을 정리해 보시오.

• 옥수수를 딴 날수: ☐일

• 딴 옥수수 수: 첫째 날 ☐개, 둘째 날 ☐개,

　　　　　　　셋째 날 ☐개, 넷째 날 ☐개

해결전략 딴 옥수수 수가 늘어나는 규칙을 찾아 여섯째 날 지오가 딴 옥수수 수를 구합니다.

풀이 ❶ 전날에 비해 딴 옥수수 수가 몇 개씩 늘어나는지 구하기

❷ 여섯째 날 지오가 딴 옥수수는 몇 개인지 구하기

답

1 규칙에 따라 현아가 가위바위보를 낸 것입니다. ㉠과 ㉡에 현아가 펼친 손가락 수의 합은 몇 개입니까?

> **해결
> 전략** 반복되는 규칙을 찾은 후 ㉠과 ㉡에 알맞은 손가락의 수를 구합니다.

2 보기의 규칙과 같은 규칙으로 수를 나열한 것입니다. ★에 알맞은 수를 구하시오.

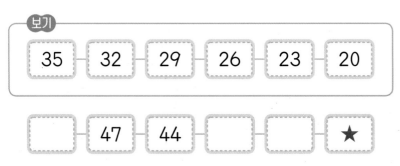

> **해결
> 전략** 보기에 나열된 수를 보고 규칙을 찾아봅니다.

3 악보에서 음의 길이는 음표 종류로, 음의 높이는 오선 위에 위치로 나타냅니다. 다음은 규칙에 따라 오선 위에 음표를 나타낸 것입니다. ☐ 안에 알맞은 음표를 그리시오.

> **해결
> 전략** 음의 길이와 음의 높이를 알아본 후 반복되는 규칙을 찾아봅니다.

4 규칙을 찾아 빈 곳에 알맞은 수를 써넣으시오.

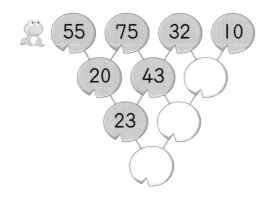

해결
전략
나열된 수 사이의 규칙을 찾아봅니다.

5 규칙에 따라 다음과 같이 수를 쓸 때 (마)에는 ㅣ을 몇 개 써야 합니까?

(가) ㅣ	(나) ㅣ	(다) ㅣ	(라) ㅣ	(마)
	ㅣ0ㅣ	ㅣ0ㅣ	ㅣ0ㅣ	
		ㅣ0ㅣ0ㅣ	ㅣ0ㅣ0ㅣ	
			ㅣ0ㅣ0ㅣ0ㅣ	

해결
전략
각 줄에 ㅣ이 몇 개인지 알아보고 (마)에 써야 하는 ㅣ의 개수를 구합니다.

6 규칙에 따라 다음에 놓아야 할 모양을 만드는 데 필요한 ⬜ 모양과 ⬤ 모양은 각각 몇 개인지 구하시오.

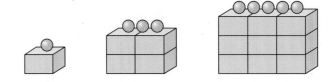

> 해결
> 전략 ⬜ 모양과 ⬤ 모양을 늘어놓은 규칙을 찾아 다음에 놓아야 할 모양을 알아봅니다.

7 세호는 1부터 99까지의 수가 쓰여진 수 배열표에서 규칙을 정하여 수를 색칠하고 있습니다. 나머지 수를 모두 색칠하려고 할 때 색칠해야 할 수 중에서 가장 큰 수를 구하시오.

1	2	3	4	5	6	7			
12	13	14							22
23	24								
						96	97	98	99

> 해결
> 전략 색칠한 수의 규칙을 찾아 색칠해야 할 수를 구합니다.

8 다음은 거울에 비친 시계입니다. 규칙에 따라 빈 곳에 알맞은 시계의 시각을 구하시오.

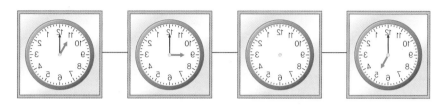

> **해결
> 전략** 거울에 비친 시계가 나타내는 시각의 규칙을 찾아 빈 곳에 알맞은 시계의 시각을 구합니다.

9 다음과 같은 규칙에 따라 면봉으로 △ 모양을 만들고 있습니다. △ 모양을 7개 만드는 데 필요한 면봉은 적어도 몇 개입니까?

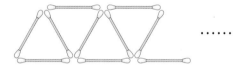

······

> **해결
> 전략** △ 모양을 1개씩 더 만들 때마다 면봉은 몇 개씩 더 필요한지 규칙을 찾아봅니다.

10 다음은 어떤 수를 더하거나 빼는 것을 모양으로 나타낸 것입니다. 각 모양의 규칙을 찾아 ☐ 안에 알맞은 수를 구하시오.

$$9☆=15 \qquad 11♥=8$$

$$7☆♥=☐$$

> **해결
> 전략** 계산 결과가 커지면 덧셈 규칙을, 작아지면 뺄셈 규칙을 생각해 봅니다.

다람쥐가 규칙에 따라 길을 지나가면 도토리를 얻을 수 있습니다.

- ▢ ➡ ⬭ ➡ ● ➡ ▢ 의 규칙에 따라 길을 지나가야 합니다.
- 주어진 길에 놓인 ▢, ⬭, ● 모양을 한 번씩 모두 지나가야 합니다.
- ↑, ↓, ◂, → 방향으로만 지나가야 합니다.
- 한 번 지나간 길을 다시 지나가면 안됩니다.

다음 길에서 다람쥐가 도토리를 얻을 수 있도록 다람쥐가 지나가는 길을 선으로 그어 보시오.

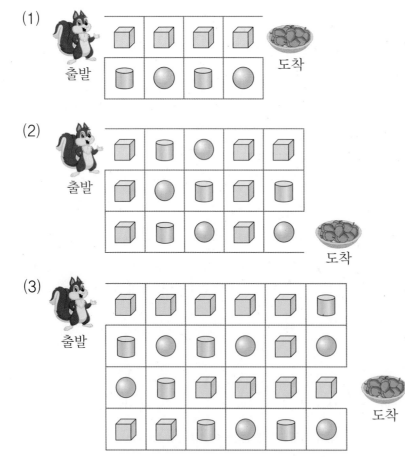

(1) 출발 ... 도착

(2) 출발 ... 도착

(3) 출발 ... 도착

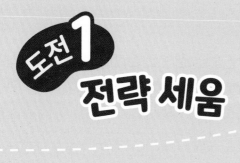

도전 **1**

전략 세움

조건을 따져 해결하기

1 수현이가 설명하는 수를 구하시오.

수현

> • 28과 35 사이에 있는 수입니다.
> • 10개씩 묶음의 수는 낱개의 수보다 작습니다.
> • 10개씩 묶음의 수와 낱개의 수의 차는 1입니다.

문제 분석

구하려는 것에 **밑줄**을 긋고 주어진 조건을 정리해 보시오.

• 28과 35 사이에 있는 수

• 10개씩 묶음의 수는 낱개의 수보다 (큽니다 , 작습니다).

• 10개씩 묶음의 수와 낱개의 수의 차: ☐

해결 전략

• 28과 35 사이에 있는 수를 구한 후 나머지 조건을 만족하는 수를 차례로 찾아봅니다.

• 28과 35 사이에 있는 수에는 28과 35가
(포함됩니다 , 포함되지 않습니다).

풀이

❶ 28과 35 사이에 있는 수 모두 구하기

29, ☐ , ☐ , ☐ , ☐ , ☐

❷ ❶에서 구한 수 중에서 10개씩 묶음의 수가 낱개의 수보다 작은 수 모두 구하기

❶에서 구한 수 중에서 10개씩 묶음의 수가 낱개의 수보다 작은 수는

☐ , ☐ 입니다.

❸ ❷에서 구한 수 중에서 10개씩 묶음의 수와 낱개의 수의 차가 1인 수 구하기

❷에서 구한 수 중에서 10개씩 묶음의 수와 낱개의 수의 차가 1인

수는 ☐ 입니다.

답 ☐

2 조건을 만족하는 수는 모두 몇 개입니까?

- 73보다 크고 86보다 작습니다.
- 10개씩 묶음의 수는 낱개의 수보다 큽니다.
- 짝수입니다.

문제 분석

구하려는 것에 밑줄을 긋고 주어진 조건을 정리해 보시오.

- 73보다 크고 86보다 작은 수
- 10개씩 묶음의 수는 낱개의 수보다 (큽니다 , 작습니다).
- (짝수 , 홀수)입니다.

해결 전략

- 73보다 크고 86보다 작은 수를 구한 후 나머지 조건을 만족하는 수를 차례로 찾아봅니다.
- 짝수는 둘씩 짝을 지을 수 (있는 , 없는) 수입니다.

풀이

❶ 73보다 크고 86보다 작은 수 모두 구하기

❷ ❶에서 구한 수 중에서 10개씩 묶음의 수가 낱개의 수보다 큰 수 모두 구하기

❸ ❷에서 구한 수 중에서 짝수는 모두 몇 개인지 구하기

답

3 ㉠, ㉡, ㉢은 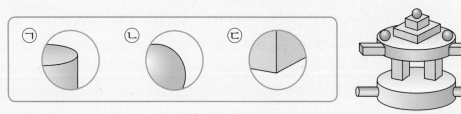 모양의 일부분입니다. 오른쪽 모양을 만드는 데 가장 적게 이용한 모양을 찾아 기호를 쓰시오.

문제 분석

구하려는 것에 밑줄을 긋고 주어진 조건을 정리해 보시오.

• ▢, ▢, ⚪ 모양의 일부분

• 만든 모양

해결 전략

• ㉠, ㉡, ㉢에서 보이는 부분의 특징을 찾아 전체 모양을 알아봅니다.

• 오른쪽 모양을 만드는 데 이용한 ▢, ▢, ⚪ 모양의 수를 각각 세어 봅니다.

풀이

❶ ㉠, ㉡, ㉢은 각각 어떤 모양의 일부분인지 알아보기

㉠ 둥근 부분과 평평한 부분이 있으므로 (▢ , ▢ , ⚪) 모양,

㉡ 둥근 부분만 있으므로 (▢ , ▢ , ⚪) 모양,

㉢ 평평한 부분만 있으므로 (▢ , ▢ , ⚪) 모양입니다.

❷ ㉠, ㉡, ㉢ 중에서 가장 적게 이용한 모양 찾아보기

이용한 모양의 수를 세어 보면

▢ 모양 ▢개, ▢ 모양 ▢개, ⚪ 모양 ▢개입니다.

따라서 가장 적게 이용한 모양은 (▢ , ▢ , ⚪) 모양이므로

(㉠ , ㉡ , ㉢)입니다.

답 ▢

4 ㉠, ㉡, ㉢은 , ▲, ● 모양의 일부분을 나타내거나 설명한 것입니다. 오른쪽 모양을 꾸미는 데 가장 많이 이용한 모양을 찾아 기호를 쓰시오.

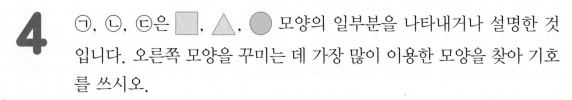

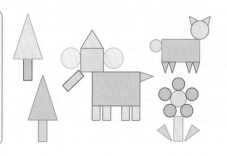

㉠

㉡ 뾰족한 곳이 **3**군데입니다.

㉢ 모양에서 찾을 수 있습니다.

문제 분석 구하려는 것에 밑줄을 긋고 주어진 조건을 정리해 보시오.

• ■, ▲, ● 모양의 일부분이나 설명

• 꾸민 모양

해결 전략 • ㉠, ㉡, ㉢에서 모양의 특징을 찾아 전체 모양을 알아봅니다.

• 오른쪽 모양을 꾸미는 데 이용한 ■, ▲, ● 모양의 수를 각각 세어 봅니다.

풀이 ❶ ㉠, ㉡, ㉢은 각각 어떤 모양의 일부분인지 알아보기

❷ ㉠, ㉡, ㉢ 중에서 가장 많이 이용한 모양 찾아보기

답

5 똑같은 크기의 주전자에 물을 가득 담아서 그림과 같이 크기가 다른 빈 컵에 부었습니다. 주전자에 남은 물의 양이 가장 많은 것을 찾아 기호를 쓰시오.

문제 분석

구하려는 것에 밑줄을 긋고 주어진 조건을 정리해 보시오.
- 똑같은 크기의 주전자에 물이 가득 담겨 있었습니다.
- 크기가 다른 컵에 담긴 물의 양

해결 전략

크기가 다른 컵에 부은 물의 양을 비교하여 주전자에 남은 물의 양을 알아봅니다.

풀이

❶ 컵에 담긴 물의 양이 적은 것부터 차례로 기호 쓰기

컵에 담긴 물의 높이가 같으므로 컵의 크기가 작을수록 담긴 물의 양이 (많습니다 , 적습니다).

따라서 컵에 담긴 물의 양이 적은 것부터 차례로 기호를 쓰면

☐ , ☐ , ☐ 입니다.

❷ 주전자에 남은 물의 양이 가장 많은 것을 찾아 기호 쓰기

컵에 담긴 물의 양이 적을수록 주전자에 남은 물의 양이 (많습니다 , 적습니다).

따라서 컵에 담긴 물의 양이 가장 적은 것은 ☐ 이므로

주전자에 남은 물의 양이 가장 많은 것은 (㉠ , ㉡ , ㉢)입니다.

답 ☐

바른답 • 알찬풀이 17쪽

6 똑같은 크기의 보온병에 물을 가득 담아서 그림과 같이 크기가 다른 빈 그릇에 부었습니다. 보온병에 남은 물의 양이 적은 것부터 차례로 기호를 쓰시오.

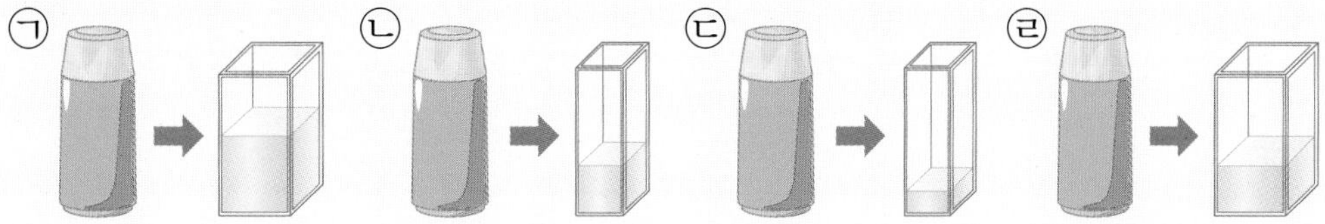

문제 분석 구하려는 것에 밑줄을 긋고 주어진 조건을 정리해 보시오.

- 똑같은 크기의 보온병에 물이 가득 담겨 있었습니다.
- 크기가 다른 그릇에 담긴 물의 양

해결 전략 크기가 다른 그릇에 부은 물의 양을 비교하여 보온병에 남은 물의 양을 알아봅니다.

풀이

❶ 그릇에 담긴 물의 양이 많은 것부터 차례로 기호 쓰기

❷ 보온병에 남은 물이 양이 적은 것부터 차례로 기호 쓰기

답

7 4장의 수 카드를 한 번씩 모두 사용하여 다음과 같은 덧셈식을 만들었습니다. 만든 식의 계산 결과가 가장 작을 때의 값을 구하시오.

| 3 | 0 | 2 | 5 |

☐☐+☐☐

문제 분석

구하려는 것에 밑줄을 긋고 주어진 조건을 정리해 보시오.

• 4장의 수 카드: 3 , 0 , 2 , 5

• 수 카드를 한 번씩 모두 사용하여 덧셈식 만들기

해결 전략

• 계산 결과가 가장 작은 덧셈식을 만들려면 (10개씩 묶음 , 낱개)의 자리에 0을 제외한 가장 작은 수와 둘째로 작은 수를 놓아야 합니다.

• 조건에 맞게 덧셈식을 만든 후 계산합니다.

풀이

❶ 계산 결과가 가장 작은 덧셈식 만들기

• 수 카드의 크기를 비교하면 ☐<☐<☐<☐입니다.

• 계산 결과가 가장 작은 덧셈식을 만들려면

10개씩 묶음의 자리에 두 수 ☐, ☐을 차례로 놓습니다.

낱개의 자리에 나머지 두 수 ☐, ☐를 차례로 놓습니다.

따라서 계산 결과가 가장 작게 되는 덧셈식은

☐☐+☐☐입니다.

❷ ❶에서 만든 덧셈식 계산하기

☐+☐=☐

답

☐

8 4장의 수 카드를 한 번씩 모두 사용하여 다음과 같은 뺄셈식을 만들었습니다. 만든 식의 계산 결과가 가장 클 때의 값을 구하시오.

> 4   1   7   8   ☐☐ - ☐☐

문제 분석

구하려는 것에 밑줄을 긋고 주어진 조건을 정리해 보시오.

• 4장의 수 카드: 4 , 1 , 7 , 8

• 수 카드를 한 번씩 모두 사용하여 뺄셈식 만들기

해결 전략

• 계산 결과가 가장 큰 뺄셈식을 만들려면 가장 큰 수에서 (둘째로 큰 , 가장 작은) 수를 빼야 합니다.

• 조건에 맞게 뺄셈식을 만든 후 계산합니다.

풀이

❶ 계산 결과가 가장 큰 뺄셈식 만들기

❷ ❶에서 만든 뺄셈식 계산하기

답

1 조건을 만족하는 수는 모두 몇 개입니까?

> • 2와 9 사이의 수입니다.
> • 7보다 작은 수입니다.

해결
전략 : 2와 9 사이에 있는 수를 구한 후 7보다 작은 수를 찾아봅니다.

2 유리가 설명하는 모양은  모양 중 하나입니다. 다음 그림에서 유리가 설명하는 모양의 물건은 모두 몇 개입니까?

평평한 부분이 있고
눕혀서 굴리면 잘 굴러가.

유리

해결
전략 : 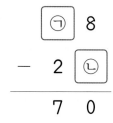 모양 중 유리가 설명하는 모양을 알아본 후 모양이 같은 물건을 찾아봅니다.

3 ㉠과 ㉡에 알맞은 수의 합을 구하시오.

$$
\begin{array}{r}
㉠\ 8 \\
-\ 2\ ㉡ \\
\hline
7\ 0
\end{array}
$$

해결
전략 : 10개씩 묶음의 수끼리, 낱개의 수끼리 계산하여 ㉠과 ㉡에 알맞은 수를 차례로 구합니다.

4 모양과 크기가 같은 병에 흙, 모래, 자갈을 가득 담았습니다. 병 안에 빈 공간이 가장 많은 병은 무엇입니까?

흙을 담은 병	모래를 담은 병	자갈을 담은 병

해결 전략 알갱이가 작을수록 알갱이와 알갱이 사이에 알갱이들이 더 많이 들어가므로 빈 공간이 적습니다.

5 다음 중 합이 12가 되는 서로 다른 세 수를 찾아 쓰시오.

7 2 8 3 4

해결 전략 더해서 10이 되는 두 수가 있는지 찾아봅니다.

6 혜지, 은정, 연주는 다음과 같이 붙임딱지를 모았습니다. 붙임딱지를 많이 모은 순서대로 이름을 쓰시오.

- 혜지: 10장씩 묶음 3개보다 7장 더 모았어.
- 은정: 6장만 더 모으면 10장씩 묶음 4개야.
- 연주: 10장씩 묶음 4개를 모았어.

해결 전략 혜지, 은정, 연주가 모은 붙임딱지 수를 구한 후 붙임딱지 수의 크기를 비교해 봅니다.

7 오른쪽과 같이 성냥개비를 사용하여 만든 모양에서 찾을 수 있는 크고 작은 ▨ 모양은 모두 몇 개입니까?

> **해결 전략** 성냥개비로 만든 모양에서 크고 작은 ▨ 모양을 찾아봅니다.

8 화살을 던져 과녁의 빨간색 부분에 맞히면 점수를 얻고, 파란색 부분에 맞히면 점수를 잃습니다. 서영이와 동훈이가 다음과 같이 화살을 맞혀 서영이가 더 높은 점수를 얻었습니다. 0부터 9까지의 수 중에서 ▨에 알맞은 수를 모두 구하시오.

서영

동훈

> **해결 전략** 서영이가 얻은 점수를 구한 후 동훈이가 서영이보다 더 낮은 점수를 얻도록 ▨에 알맞은 수를 모두 구합니다.

9 다음은 같은 날 낮에 하나와 진혁이가 미술관에 도착한 시각을 설명한 것입니다. 미술관에 먼저 도착한 사람은 누구입니까?

- 하나: 시계의 긴바늘은 6을 가리키고 있고 짧은바늘은 두 숫자 사이에 있어. 그 두 숫자의 합은 7이야.
- 진혁: 시계의 긴바늘은 12를 가리키고 있고 짧은바늘과 긴바늘이 가리키고 있는 숫자의 합은 15야.

해결 전략 하나와 진혁이가 미술관에 도착한 시각을 각각 구한 후 두 시각을 비교합니다.

10 보기는 구슬의 무게를 양팔 저울로 비교한 것입니다. 가에 ㉠, ㉡을, 나에 ㉢, ㉣을 올려놓을 때 더 무거운 쪽의 기호를 쓰시오. (단, 기호가 같은 구슬의 무게는 같습니다.)

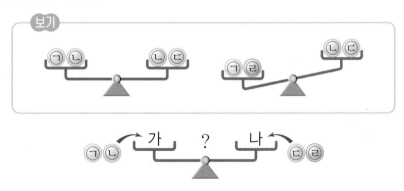

해결 전략 양팔 저울은 더 무거운 쪽이 아래로 내려가고, 기울어지지 않을 때는 양쪽의 무게가 같음을 이용하여 구슬의 무게를 비교해 봅니다.

조종 버튼 ➡, ⬆ 2가지 종류의 화살표 방향으로만 움직이는 로봇 강아지가 있습니다. 로봇 강아지가 집에 도착하려면 보기와 같이 버튼을 눌러야 합니다. 물음에 답하시오.

(1) 로봇 강아지가 집에 도착할 수 있도록 조종 버튼을 그리시오.

(2) 로봇 강아지가 건전지를 얻은 후 집에 도착할 수 있도록 조종 버튼을 그리시오.

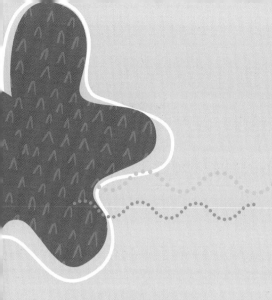

도전 2 전략 이룸 50제

해결 전략 완성으로 문장제·서술형 고난도 유형 도전하기

" 나의 공부 계획 "

	쪽수	공부한 날		확인
1~10번	92 ~ 93쪽	월	일	
	94 ~ 95쪽	월	일	
11~20번	96 ~ 97쪽	월	일	
	98 ~ 99쪽	월	일	
21~30번	100 ~ 101쪽	월	일	
	102 ~ 103쪽	월	일	
31~40번	104 ~ 105쪽	월	일	
	106 ~ 107쪽	월	일	
41~50번	108 ~ 109쪽	월	일	
	110 ~ 111쪽	월	일	

바른답·알찬풀이 20쪽

그림을 그려 해결하기

1 준석이가 탄 기차의 칸은 앞에서부터 여섯째, 뒤에서부터 셋째입니다. 준석이가 탄 기차는 모두 몇 칸입니까?

거꾸로 풀어 해결하기

2 (가)~(마) 중에서 ⬤ 모양과 밧줄로 연결되어 있는 것의 기호를 쓰시오.

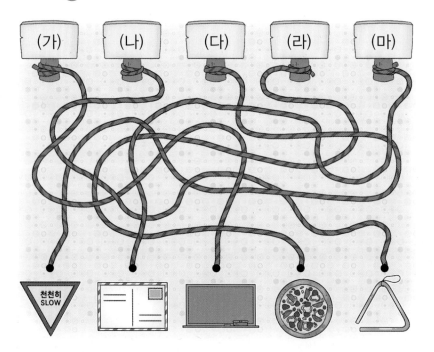

조건을 따져 해결하기

3 다음은 잘못된 계산입니다. 수 카드 2장을 한 번만 서로 바꾸어 계산이 맞는 덧셈식을 만드시오.

$$5 + 3 = 2$$

규칙을 찾아 해결하기

4 규칙을 찾아 빈 곳에 알맞은 수를 써넣으시오.

25	22	19			10		4	

조건을 따져 해결하기

5 다음 중 나타내는 수가 가장 작은 것을 찾아 기호를 쓰시오.

> ㉠ 42　　　　　　　㉡ 마흔다섯
> ㉢ 10개씩 묶음 3개와 낱개 11개
> ㉣ 사십삼　　　　㉤ 10개씩 묶음 4개

식을 만들어 해결하기

6 승혜는 책을 69쪽 읽었습니다. 윤아는 책을 승혜보다 27쪽 더 적게 읽었습니다. 윤아가 읽은 책은 몇 쪽입니까?

조건을 따져 해결하기

7 조건을 만족하는 수는 모두 몇 개입니까?

> · 64보다 크고 73보다 작습니다.
> · 10개씩 묶음의 수가 낱개의 수보다 큽니다.

식을 만들어 해결하기

8 지윤이는 11살입니다. 언니는 지윤이보다 5살 더 많습니다. 두 사람의 나이의 합은 몇 살입니까?

9 일기를 읽고 밑줄 친 물건 중에서 모양이 다른 것의 이름을 쓰시오.

10월 4일 목요일 날씨: ☀

제목: 소풍 가는 날

야호! 오늘은 숲으로 소풍을 가는 날이다. 엄마는 도시락으로 김밥(   )과

음료수 캔(   )을 싸 주셨다. 숲속에 도착한 우리는 보물찾기를 했다.

나는 나무 기둥(   ) 밑에서 보물 쪽지를 찾았다. 선생님께서 보물 쪽지를

선물로 바꾸어 주셨는데 나는 구슬(   ) 5개를 선물로 받았다.

오늘은 정말 재미있는 하루였다.

표를 만들어 해결하기

10 두 자리 수 중에서 10개씩 묶음의 수와 낱개의 수의 합이 3인 수는 모두 몇 개
입니까?

거꾸로 풀어 해결하기

11 어떤 수에 13을 더해야 하는데 잘못하여 뺐더니 31이 되었습니다. 바르게 계산하면 얼마입니까?

조건을 따져 해결하기

12 재연이는 야구 경기를 보러 야구장에 갔습니다. 야구 경기가 6시에 시작되어 시계의 긴바늘이 4바퀴 반 움직였을 때 끝났습니다. 야구 경기가 끝난 시각을 구하시오.

표를 만들어 해결하기

13 미주와 동생은 도화지 15장을 나누어 가지려고 합니다. 미주가 동생보다 3장 더 많이 가지려면 미주가 가져야 하는 도화지는 몇 장입니까?

식을 만들어 해결하기

14 다음은 ⬜, 🔺, ⚪ 모양을 이용하여 꾸민 모양입니다. 가장 많이 이용한 모양과 가장 적게 이용한 모양의 수의 합은 몇 개입니까?

그림을 그려 해결하기

15 수아, 도현, 윤서의 키를 비교하였습니다. 키가 큰 사람부터 차례로 이름을 쓰시오.

내 키는 도현이보다 더 작아.

내 키는 윤서보다 더 커.

나는 우리 중 키가 가장 작지 않아.

수아   도현   윤서

거꾸로 풀어 해결하기

16 화살표의 규칙에 따라 ㉠에 알맞은 수를 구하시오.

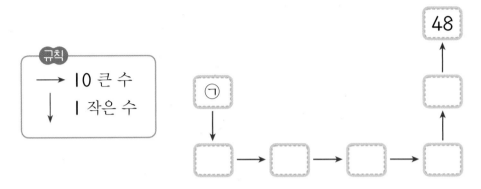

표를 만들어 해결하기

17 같은 모양은 같은 수를 나타냅니다. ■와 ▲에 알맞은 수를 각각 구하시오.

· ■ + ▲ = 10
· ■ − ▲ = 4

식을 만들어 해결하기

18 같은 수의 구슬이 들어 있는 두 개의 주머니가 있습니다. 한 주머니에는 빨간색 구슬이 25개, 파란색 구슬이 32개 들어 있습니다. 다른 주머니에 들어 있는 파란색 구슬이 36개일 때, 이 주머니에 들어 있는 빨간색 구슬은 몇 개입니까? (단, 주머니에는 빨간색 구슬과 파란색 구슬만 들어 있습니다.)

거꾸로 풀어 해결하기

19 승재는 다음과 같은 도장에 물감을 묻혀 옷 위에 한 번씩 겹쳐 찍었습니다. 가장 먼저 찍은 도장의 기호를 쓰시오.

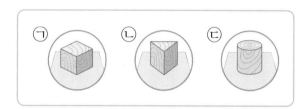

표를 만들어 해결하기

20 경호가 3걸음 걷는 동안 수연이는 2걸음 걷습니다. 경호가 15걸음 걸을 때 수연이는 몇 걸음 걷습니까?

조건을 따져 해결하기

21 각각의 국기는 서로 다른 숫자를 나타내고 같은 국기는 같은 숫자를 나타냅니다. 관계있는 것끼리 선으로 이어 보시오.

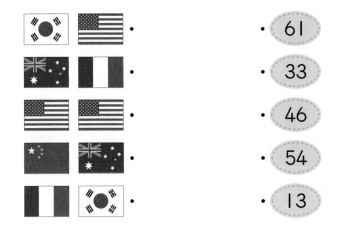

규칙을 찾아 해결하기

22 , △, 가 규칙에 따라 그려진 벽지의 일부분이 찢어졌습니다. 찢어진 부분에 있던 는 모두 몇 개입니까?

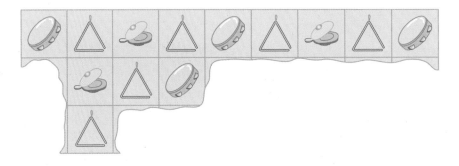

23 붙임딱지를 종현이는 12장, 현지는 8장 가지고 있습니다. 종현이가 현지에게 붙임딱지 몇 장을 주었더니 종현이와 현지가 가진 붙임딱지의 수가 같아졌습니다. 종현이가 현지에게 준 붙임딱지는 몇 장입니까?

24 몇 명이 1층에서 빈 승강기를 타고 올라가다가 3층에서 5명이 더 탔습니다. 그리고 4층에서 8명이 내렸더니 승강기에 남아 있는 사람은 3명이 되었습니다. 1층에서 승강기를 탄 사람은 몇 명입니까?

25 마당에 있는 닭과 개는 모두 4마리이고, 다리 수를 세어 보니 모두 10개였습니다. 마당에 있는 닭과 개는 각각 몇 마리입니까?

그림을 그려 해결하기

26 벽돌을 쌓아 벽을 만들었습니다. (가)와 (나) 중에서 더 넓은 벽의 기호를 쓰시오.

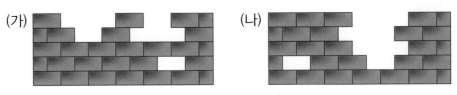

그림을 그려 해결하기

27 승규, 미수, 효리는 아파트의 같은 동에 살고 있습니다. 미수네 집은 8층입니다. 미수네 집에서 4층 더 올라가면 효리네 집이고, 효리네 집에서 7층 내려오면 승규네 집입니다. 승규네 집은 몇 층입니까?

28 재희는 89쪽짜리 책을 읽고 있습니다. 어제까지 43쪽을 읽었고, 오늘도 책을 읽었습니다. 내일 12쪽을 읽으면 책을 모두 읽는다고 할 때 오늘 읽은 책은 몇 쪽입니까?

그림을 그려 해결하기

29 1부터 9까지의 수 중에서 □ 안에 들어갈 수 있는 수는 모두 몇 개입니까?

조건을 따져 해결하기

$$9-2-\square>3$$

거꾸로 풀어 해결하기

30 아래 ⬡ 안의 수는 위 ⬡ 안의 두 수의 합입니다. 빈 곳에 알맞은 수를 써넣으시오.

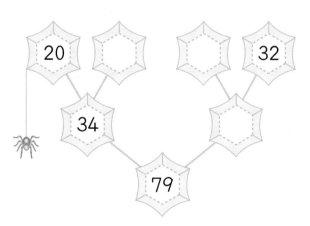

전략 이룸 50제

바른답 • 알찬풀이 24쪽

식을 만들어 해결하기

31 컴퓨터로 8을 쓰려면 키보드 8 을 I번, I5를 쓰려면 I 과 5 를 눌러야 하므로 키보드를 2번 눌러야 합니다. 0부터 20까지의 수를 컴퓨터로 쓴다면 키보드를 모두 몇 번 눌러야 합니까? (단, 수와 수 사이에 띄어쓰기는 하지 않습니다.)

식을 만들어 해결하기

32 같은 날 태어난 쌍둥이가 삼촌의 나이를 설명한 것입니다. 삼촌의 나이는 몇 살입니까?

우리 나이를 더하면 삼촌의 나이와 같아.

나와 삼촌의 나이는 I3살 차이가 나.

33 규칙에 따라 네 번째 시계의 시각을 구하시오.

첫 번째　　　　두 번째　　　　세 번째　　　　네 번째

34 다음을 읽고 크기가 작은 컵부터 차례로 기호를 쓰시오.

> • 나 컵에 물을 가득 담아 가 컵에 부으면 물이 넘칩니다.
> • 나 컵에 물을 가득 담아 다 컵에 부으면 물이 모자랍니다.

35 수 카드 2 , 3 , 6 , 7 중 2장을 골라 한 번씩만 사용하여 만들 수 있는

몇십몇 중에서 홀수는 모두 몇 개입니까?

표를 만들어 해결하기

36 규칙에 따라 □ 안에 알맞은 모양을 그리고 색칠해 보시오.

조건을 따져 해결하기

37 오른쪽 모양에서 평평한 부분이 2개인 모양은 평평한 부분이 6개인 모양보다 몇 개 더 많은지 구하시오.

조건을 따져 해결하기

38 6장의 수 카드 중 2장을 골라 한 번씩만 사용하여 두 자리 수를 만들려고 합니다. 만들 수 있는 두 자리 수 중에서 두 번째로 큰 수와 두 번째로 작은 수의 합을 구하시오.

| 0 | I | 2 | 3 | 4 | 5 |

39 신영, 상호, 호영, 수민 네 사람이 시소를 탔더니 다음과 같았습니다. 몸무게가 무거운 사람부터 차례로 이름을 쓰시오.

40 보기를 보고 규칙을 찾아 ㉠＋㉡의 값을 구하시오.

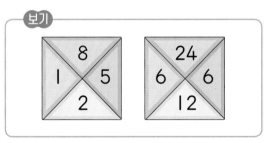

조건을 따져 해결하기

41 모으기와 가르기를 한 것입니다. ㉠과 ㉡에 알맞은 수를 각각 구하시오. (단, 같은 기호는 같은 수를 나타냅니다.)

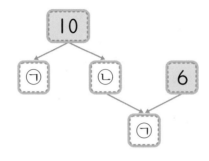

표를 만들어 해결하기

42 (가)~(라) 중에서 선의 길이가 가장 긴 것을 찾아 기호를 쓰시오. (단, 작은 한 칸의 크기는 모두 같습니다.)

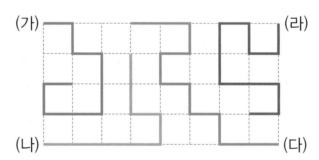

43 재호와 현영이가 과녁 맞히기 놀이를 하여 다음과 같이 맞혔습니다. 점수가 더 높은 사람이 이길 때 재호와 현영이 중 이긴 사람은 누구입니까?

 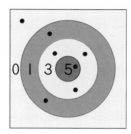

재호

 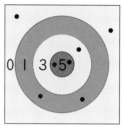

현영

44 오른쪽은 거울에 비친 시계입니다. 이 시각에서 긴바늘이 시계 방향으로 숫자 눈금 6칸만큼을 더 갔을 때의 시각을 구하시오.

45 오른쪽 그림에서 찾을 수 있는 크고 작은 ▢ 모양은 모두 몇 개입니까?

규칙을 찾아 해결하기

46 규칙에 따라 다음과 같이 점을 찍을 때 (마)에 찍어야 할 점은 몇 개입니까?

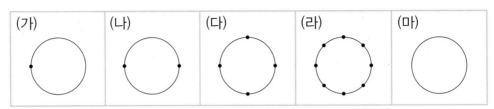

거꾸로 풀어 해결하기

47 옆으로(→) 있는 세 수의 합과 아래로(↓) 있는 세 수의 합은 각각 도둑의 주머니에 쓰인 수와 같습니다. 빈칸에 알맞은 수를 써넣으시오.

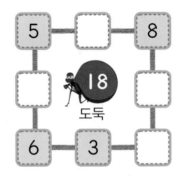

규칙을 찾아 해결하기

48 ◎은 규칙에 따라 세 수의 덧셈식을 만들어 계산한 값입니다. 규칙을 찾아 7◎3은 얼마인지 구하시오.

$$1◎2=4 \qquad 3◎1=7 \qquad 5◎2=12$$

식을 만들어 해결하기

49 목장에 말, 소, 양이 모두 79마리 있습니다. 말과 소의
수의 합은 56마리, 소와 양의 수의 합은 47마리입니다.
목장에 있는 소는 몇 마리입니까?

식을 만들어 해결하기

50 보기와 같이 선으로 나누어진 양쪽 수들의 합이 같아지도록 선을 그으시오.

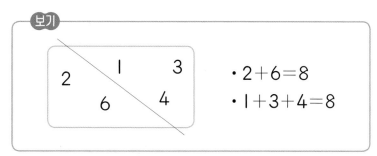

보기

$$2 \quad \begin{array}{cc} 1 & 3 \\ 6 & 4 \end{array}$$

· $2+6=8$
· $1+3+4=8$

(1)
$$2 \quad \begin{array}{c} 8 \\ 7 \end{array} \quad \begin{array}{c} 5 \\ 4 \end{array}$$

(2)
$$3 \quad \begin{array}{cc} 9 & 7 \\ 6 & 8 \end{array} \quad 5$$

 **Memo**

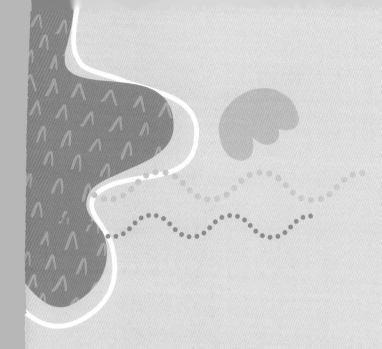

문제 결의 의
해 잡이
길 이

심화

도전3 경시 대비 평가

최고 수준 문제로 교내외 경시 대회 도전하기

수학 1학년

Mirae N 에듀

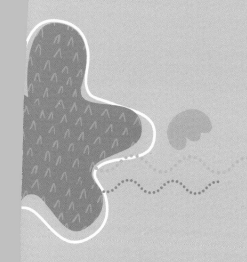

도전3 경시 대비 평가

최고 수준 문제로 교내외 경시 대회 도전하기

" 나의 공부 계획 "

	번호	공부한 날		확인
1회	1~5번	월	일	
	6~10번	월	일	
2회	1~5번	월	일	
	6~10번	월	일	
3회	1~5번	월	일	
	6~10번	월	일	

1 태우네 모둠 학생 8명이 달리기를 하고 있습니다. 태우가 앞에서부터 여섯째로 달리다가 2명을 앞질렀습니다. 지금 태우보다 뒤에 있는 학생은 몇 명입니까?

2 규칙에 따라 ㉠에 알맞은 모양을 그리시오.

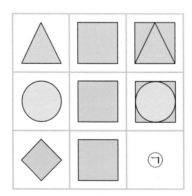

3 주어진 신발은 동현, 의찬, 재성 세 사람의 것입니다. 다음을 읽고 각각의 신발은 누구의 것인지 이름을 쓰시오. (단, 신발은 발 길이에 꼭 맞게 신습니다.)

발 길이

- 동현이의 발 길이는 의찬이의 발 길이보다 더 깁니다.
- 재성이의 발 길이는 동현이의 발 길이보다 더 깁니다.

(   )   (   )   (   )

4 기범이네 반 학생들의 사물함에 1부터 30까지 번호를 썼습니다. 사물함 번호에 쓴 수 중에서 숫자 1은 모두 몇 개입니까?

문제 해결의 길잡이 심화 1

5 피아노 건반의 수에 대한 설명입니다. 피아노 건반은 모두 몇 개입니까?

- 두 자리 수 ■▲입니다.
- ■와 ▲를 더하면 16입니다.
- 짝수입니다.

6 농장에 염소 39마리, 거위 24마리, 닭 17마리가 있습니다. 그중에서 염소 15마리, 거위 11마리를 팔았고, 닭은 모두 팔았습니다. 농장에 남아 있는 동물은 모두 몇 마리입니까?

7 효준이와 지선이는 사탕을 가지고 있었습니다. 효준이는 가지고 있던 사탕 중에서 2개를 먹은 다음 지선이에게 3개를 주었더니 두 사람이 가진 사탕의 수가 각각 5개로 같아졌습니다. 처음에 가지고 있던 사탕은 효준이가 지선이보다 몇 개 더 많았습니까?

8 이집트의 상인이 낙타 15마리를 3명의 아들에게 모두 나누어 주려고 합니다. 다음과 같이 나누어 준다면 셋째 아들에게 주어야 할 낙타는 몇 마리입니까?

• 첫째 아들에게는 둘째 아들보다 1마리 더 많이 준다.
• 셋째 아들에게는 둘째 아들보다 1마리 더 적게 준다.

9 다음 모양에서 찾을 수 있는 크고 작은 △ 모양은 모두 몇 개입니까?

10 각각의 동물은 1부터 5까지의 수 중에서 서로 다른 수를 나타냅니다.
각 동물에 알맞은 수를 구하시오.

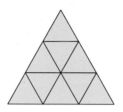

기린 (   )   개 (   )

돼지 (   )   원숭이 (   )

곰 (   )

10점 X   개 =   점

경시 대비 평가 2회

문제풀이
동영상

1 1부터 9까지의 수 중에서 □ 안에 공통으로 들어갈 수 있는 수는 모두 몇 개입니까?

6□>63	77>□9

2 (가), (나), (다) 접시에 무게가 같은 바둑돌을 다음과 같이 올려놓았더니 세 접시의 무게가 모두 같아졌습니다. 바둑돌을 모두 내려놓았을 때 가벼운 접시부터 차례로 기호를 쓰시오.

(가) (나) (다)

문제 해결의 길잡이 심화 1

3 4장의 수 카드 중에서 2장을 골라 한 번씩만 사용하여 두 자리 수를 만들려고 합니다. 만들 수 있는 수 중에서 짝수는 모두 몇 개입니까?

| 0 | 1 | 1 | 2 |

4 규칙에 따라 ⬡, ⬡, ⬤ 모양을 늘어놓았습니다. 빈칸을 모두 채우면 늘어놓은 ⬡ 모양은 모두 몇 개입니까?

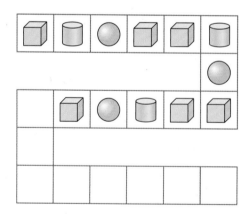

5 아래 그림은 유진, 소희, 수빈, 민호가 가지고 있는 구슬 상자입니다. 다음을 읽고 각각의 상자는 누구의 것인지 이름을 쓰시오.

> • 유진이는 소희보다 구슬을 **2**개 더 많이 가지고 있습니다.
> • 민호가 가진 구슬 수는 수빈이가 가진 구슬 수의 반입니다.

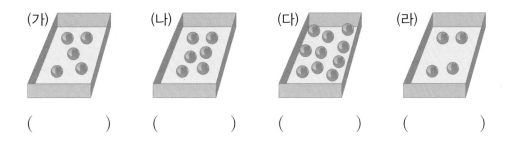

(가) (   )   (나) (   )   (다) (   )   (라) (   )

6 그림과 같이 색종이를 2번 접은 후 선을 따라 잘랐습니다. 자른 색종이를 펼치면 ▢, △, ● 모양 중에서 어떤 모양이 몇 개 만들어집니까?

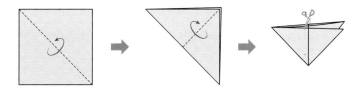

7 1부터 7까지의 수를 ○ 안에 한 번씩만 사용하여 각 줄에 있는 세 수의 합이 14가 되도록 만들어 보시오.

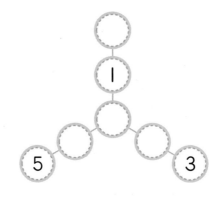

8 경태와 친구들은 각자 다른 수의 붙임딱지를 가지고 있습니다. 경태가 붙임딱지를 세 번째로 많이 가지고 있을 때 1부터 9까지의 수 중에서 ㉠에 들어갈 수 있는 수는 모두 몇 개입니까?

경태와 친구들이 가지고 있는 붙임딱지 수

이름	경태	민지	중현	윤아	재성
붙임딱지 수(장)	5㉠	61	53	48	57

9 어떤 수에 69를 더한 후 34보다 2 큰 수를 뺐더니 53이 되었습니다. 어떤 수를 구하시오.

10 보기는 일정한 규칙에 따라 수를 그림으로 나타낸 것입니다. 주어진 그림이 나타내는 수를 구하시오.

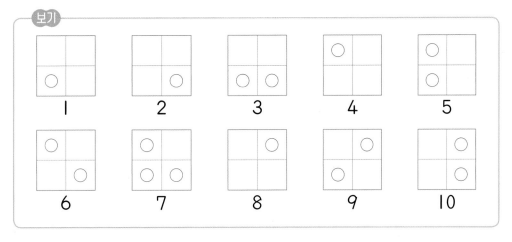

10점 X   개 =   점

1 공원에 긴 의자 3개와 어린이 45명이 있습니다. 긴 의자 한 개에 10명씩 앉을 수 있다면 의자에 앉지 못하는 어린이는 몇 명입니까?

2 다음은 여러 나라의 국기입니다. 국기에서 빨간색 부분이 넓은 국기부터 차례로 나라의 이름을 쓰시오. (단, 모든 국기의 전체 넓이는 같습니다.)

대한민국　　　　중국　　　　인도네시아　　　　싱가포르

3 왼쪽 모양을 만들 수 있는 것을 찾아 기호를 쓰시오.

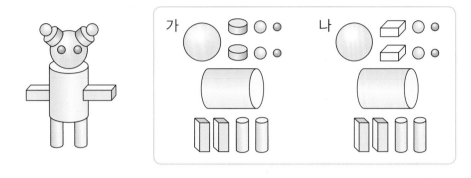

4 병뚜껑 톱니의 수에 대한 설명입니다. 병뚜껑 톱니는 몇 개입니까?

> **병뚜껑 톱니의 수를 맞혀라!**
>
> ・20과 35 사이에 있는 수입니다.
> ・10개씩 묶음의 수는 낱개의 수보다
> 1만큼 더 큽니다.
> ・홀수입니다.

5 같은 모양은 같은 수를 나타냅니다. ㉠에 알맞은 수를 구하시오.

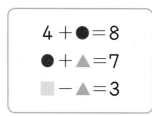

6 시계의 짧은바늘과 긴바늘이 가리키는 숫자의 합은 23이고 차는 1일 때의 시각을 구하시오. (단, 긴바늘이 가리키는 숫자가 짧은바늘이 가리키는 숫자보다 더 큽니다.)

7 수림이는 5일 동안 정해진 규칙에 따라 동화책을 읽었습니다. 첫째 날은 2쪽, 둘째 날은 4쪽, 셋째 날은 6쪽을 읽었다면 수림이가 5일 동안 읽은 동화책은 모두 몇 쪽입니까?

8 규칙에 따라 모양을 만들고 있습니다. 7번째에 알맞은 모양에서 ⬜ 모양과 🔺 모양의 수의 차는 몇 개입니까?

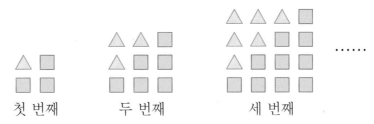

첫 번째   두 번째   세 번째

9 정민이와 예지는 같은 수의 초콜릿을 가지고 있었습니다. 그중에서 정민이는 6개를 먹고, 예지는 3개를 먹었더니 두 사람에게 남은 초콜릿 수의 합이 9개가 되었습니다. 처음 정민이가 가지고 있던 초콜릿은 몇 개입니까?

10 1부터 5까지의 수를 한 번씩 사용하여 옆으로 나란히 있는 세 수의 합과 아래로 나란히 있는 세 수의 합을 같게 하려고 합니다. 세 수의 합이 가장 클 때의 값을 ●, 가장 작을 때의 값을 ▲라고 할 때 ●—▲의 값을 구하시오.

10점 X ☐ 개 = ☐ 점

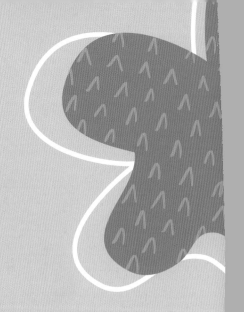

도전3 경시 대비 평가

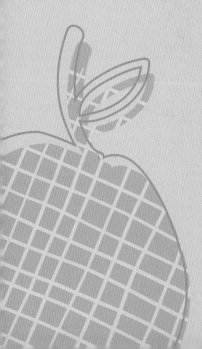

문장제 해결력 강화

문제해결의길잡이

수학 5-2

수학 5-1

문해길 시리즈는

문장제 해결력을 키우는 상위권 수학 학습서입니다.

문해길은 8가지 문제 해결 전략을 익히며

수학 사고력을 향상하고,

수학적 성취감을 맛보게 합니다.

이런 성취감을 맛본 아이는

수학에 자신감을 갖습니다.

수학의 자신감, 문해길로 이루세요.

문해길 원리를 공부하고, 문해길 심화에 도전해 보세요!
원리로 닦은 실력이 심화에서 빛이 납니다.

문해길 **원리**	문해길 **심화**
문장제 해결력 강화	고난도 유형 해결력 완성
1~6학년 학기별 [총12책]	1~6학년 학년별 [총6책]

공부력 강화 프로그램

공부력은 초등 시기에 갖춰야 하는 기본 학습 능력입니다.
공부력이 탄탄하면 언제든지 학습에서 두각을 나타낼 수 있습니다.
초등 교과서 발행사 미래엔의 공부력 강화 프로그램은
초등 시기에 다져야 하는 공부력 향상 교재입니다.

수학 상위권 향상을 위한 문장제 해결력 완성

문제 해결의 길잡이

심화

수학 **1**학년

바른답·알찬풀이

Mirae N 에듀

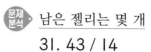

식을 만들어 해결하기

익히기   10~15쪽

1   덧셈과 뺄셈

문제분석 놀이터에 있는 어린이는 모두 몇 명
2 / 4

해결전략 (덧셈식) / 덧셈식

풀이 ① 4 / 2, 4, 6
② 2, 6, 8

답 8

2   덧셈과 뺄셈

문제분석 남은 색종이는 몇 장
12 / 5 / 3

해결전략 (뺄셈식) / 뺄셈식

풀이
① (종이학을 접고 남은 색종이 수)
= (처음 가지고 있던 색종이 수)
− (종이학을 접는 데 사용한 색종이 수)
= 12−5=7(장)
② (종이배를 접고 남은 색종이 수)
= (종이학을 접고 남은 색종이 수)
− (종이배를 접는 데 사용한 색종이 수)
= 7−3=4(장)

답 4장

3   덧셈과 뺄셈

문제분석 학급 문고에 있는 동화책과 위인전은 모두
몇 권
55 / 13

해결전략 (뺄셈식) / 덧셈식

풀이 ① 13 / 55, 13, 42
② 55, 42, 97

답 97

4   덧셈과 뺄셈

문제분석 남은 젤리는 몇 개
31, 43 / 14

해결전략 (덧셈식) / (뺄셈식)

풀이
① (처음에 가지고 있던 젤리 수)
= (딸기 맛 젤리 수)+(포도 맛 젤리 수)
= 31+43=74(개)
② (먹고 남은 젤리 수)
= (처음에 가지고 있던 젤리 수)
− (먹은 젤리 수)
= 74−14=60(개)

답 60개

5   여러 가지 모양

문제분석 가장 많이 이용한 모양은 가장 적게 이용한 모양보다 몇 개 더 많습니까?

해결전략 (뺄셈식)

풀이 ① 6, 3, 4
② 6, 4, 3 / /
③ 6, 3, 3

답 3

6   여러 가지 모양

문제분석 가장 많이 이용한 모양은 가장 적게 이용한 모양보다 몇 개 더 많습니까?

해결전략 (뺄셈식)

풀이

① 모양을 꾸미는 데 이용한 각 모양의 수는 ☐ 모양 5개, △ 모양 8개, ⬤ 모양 4개입니다.
② 8>5>4이므로 가장 많이 이용한 모양은 △ 모양이고, 가장 적게 이용한 모양은 ⬤ 모양입니다.

❸ 가장 많이 이용한 모양은 가장 적게 이용한 모양보다 8-4=4(개) 더 많습니다.

📝 **답** 4개

적용하기
16~19쪽

1
덧셈과 뺄셈

(전체 빵 수)
=(야채 빵 수)+(피자 빵 수)+(팥빵 수)
=4+6+8=18(개)
➡ (남은 빵 수)=(전체 빵 수)-(먹은 빵 수)
=18-7=11(개)

📝 **답** 11개

2
여러 가지 모양

• △ 모양 표지판 수: 10개
• ☐ 모양 표지판 수: 2개
➡ (△ 모양 표지판 수)-(☐ 모양 표지판 수)
=10-2=8(개)

📝 **답** 8개

3
덧셈과 뺄셈

낱개 17개는 10개씩 묶음 1개와 낱개 7개이므로 10개씩 묶음 3개와 낱개 17개는 47입니다.
따라서 처음에 있던 곶감은 47개입니다.
➡ (남은 곶감 수)
=(처음에 있던 곶감 수)-(먹은 곶감 수)
=47-24=23(개)

📝 **답** 23개

4
덧셈과 뺄셈

두발자전거는 20대 있으므로
(두발자전거의 바퀴 수)
=20+20=40(개)입니다.
세발자전거는 13대 있으므로
(세발자전거의 바퀴 수)
=13+13+13=39(개)입니다.
따라서 자전거의 바퀴는 모두
40+39=79(개)입니다.

📝 **답** 79개

5
덧셈과 뺄셈

(기린 수)=(코끼리 수)+8
=5+8=13(마리)
➡ (사자 수)=(기린 수)-6
=13-6=7(마리)

📝 **답** 7마리

6
여러 가지 모양

(전망대와 자동차 모양을 만드는 데 이용한 ☐ 모양 수)
=(전망대의 ☐ 모양 수)
+(자동차의 ☐ 모양 수)
=4+6=10(개)
(전망대와 자동차 모양을 만드는 데 이용한 ⬤ 모양 수)
=(전망대의 ⬤ 모양 수)
+(자동차의 ⬤ 모양 수)
=7+1=8(개)
따라서 두 모양을 만드는 데 이용한 ☐ 모양은
⬤ 모양보다 10-8=2(개) 더 많습니다.

📝 **답** 2개

7
덧셈과 뺄셈

(민호가 얻은 점수)
=(몸통 회전 공격 점수)+(몸통 발 공격 점수)
+(몸통 주먹 공격 점수)
=3+2+1=6(점)
(세준이가 얻은 점수)
=(머리 회전 공격 점수)+(몸통 회전 공격 점수)
+(몸통 회전 공격 점수)
=4+3+3=10(점)

📝 **답** 민호: 6점, 세준: 10점

8
덧셈과 뺄셈

(언니의 나이)=(유리의 나이)+2
=7+2=9(살)
(동생의 나이)=(언니의 나이)-6
=9-6=3(살)

(유리, 언니, 동생의 나이의 합)
=(유리의 나이)+(언니의 나이)+(동생의 나이)
=7+9+3=19(살)

> 답 19살

9
덧셈과 뺄셈

10개씩 묶음 2개와 낱개 4개는 24이므로 윤호가 민아에게 준 색연필은 24자루입니다.
(민아가 가지고 있는 색연필 수)
=(처음에 가지고 있던 색연필 수)
  +(윤호에게 받은 색연필 수)
=15+24=39(자루)
(윤호가 가지고 있는 색연필 수)
=(처음에 가지고 있던 색연필 수)
  -(민아에게 준 색연필 수)
=58-24=34(자루)
따라서 39>34이므로 민아가 윤호보다 색연필을
39-34=5(자루) 더 많이 가지고 있습니다.

> 답 민아, 5자루

10
덧셈과 뺄셈

(수박 수)+(참외 수)+(멜론 수)=15 ······ ①
(수박 수)+(참외 수)   =8 ······ ②
          (참외 수)+(멜론 수)=11 ······ ③

①, ②에서 (멜론 수)=15-8=7(개)
①, ③에서 (수박 수)=15-11=4(개)
②에서 4+(참외 수)=8,
(참외 수)=8-4=4(개)

> 답 수박: 4개, 참외: 4개, 멜론: 7개

도전, 창의사고력
20쪽

- 💎+💎+💎=3이고 1+1+1=3이므로
  💎=1입니다.
- 💎+💎+💍=8이므로 1+1+💍=8,
  2+💍=8, 💍=8-2=6입니다.
- 💎+🎈+💍=11이므로 1+🎈+6=11,
  7+🎈=11, 🎈=11-7=4입니다.
- 🎈+💎+▭=12이므로 4+1+▭=12,
  5+▭=12, ▭=12-5=7입니다.
- 💍+💍+👑=12이므로 6+6+👑=12,
  12+👑=12, 👑=12-12=0입니다.
따라서 💎+▭+👑=1+7+0=8이므로
주머니의 빈 곳에 알맞은 수는 8입니다.

> 답 8

그림을 그려 해결하기

익히기
22~29쪽

1
9까지의 수

> 문제분석 달리기를 하고 있는 학생은 모두 몇 명
> 둘째, 다섯째

> 풀이 ❶
>
> (앞) ○ 😊 ○ ○ ○ ○ (뒤)
>   선호

❷ 1, 4 / 6

> 답 6

2
50까지의 수

> 문제분석 유미와 재민이 사이에 서 있는 사람은 몇 명
> 30 / 앞에서, 뒤에서

> 풀이

❶ 예 (앞) ······ 23째 24째 25째 26째 27째
       ······ ● ○ ○ ○ ○
              유미

28째 29째 30째 (뒤)
● ○ ○
재민

② 유미와 재민이 사이에 서 있는 사람은 4명입니다.

답 4명

---

3 여러 가지 모양

문제분석 모양은 몇 개 만들어집니까?

풀이 **①**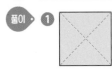

② 4

답 4

---

4 여러 가지 모양

문제분석 모양은 몇 개 만들어집니까?

풀이

①

② 그린 모양을 오렸을 때 모양은 4개 만들어집니다.

답 4개

---

5 비교하기

문제분석 길이가 짧은 물건부터 차례로 쓰시오.
짧습니다 / 깁니다

풀이 **①** 길게 / 길게

예
빗자루	
쓰레받기	
대걸레	

② 빗자루, 쓰레받기, 대걸레

답 빗자루, 쓰레받기, 대걸레

---

6 비교하기

문제분석 키가 두 번째로 큰 사람은 누구
작습니다 / 작고, 큽니다

풀이

① • 슬기를 먼저 그리고 다현이는 슬기보다 더 길게 그립니다.
• 고은이는 슬기보다 더 짧게 그리고 현지보다 더 길게 그립니다.

예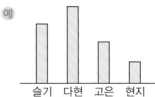
슬기 다현 고은 현지

② **①**의 그림에서 위쪽 끝을 비교하여 키가 큰 사람부터 차례로 쓰면 다현, 슬기, 고은, 현지입니다.
따라서 키가 두 번째로 큰 사람은 슬기입니다.

답 슬기

---

7 덧셈과 뺄셈

문제분석 이번 정류장에서 내린 사람은 몇 명
8, 4 / 7

해결전략 7

풀이 **①** 예 ○○○○○○○○○○○○

② 예 ○○○○○○○○⊘⊘⊘⊘
/ 5

③ 5

답 5

---

8 덧셈과 뺄셈

문제분석 현지가 동생에게 준 인형은 몇 개
6, 1 / 3 / 4

해결전략 4

풀이

① 예 ○○○○○○○○○○

② 예 ○○○○⊘○○⊘⊘⊘
/으로 지운 ○를 세어 보면 6개입니다.

③ 현지가 동생에게 준 인형은 6개입니다.

답 6개

1

9까지의 수

건물의 층을 ○로, 승강기가 멈춰 있는 층을 ● 로 나타내면 다음과 같습니다.

예 ○
○
○
● ← 승강기가 멈춰 있는 층
○
○
○
○ ← 1층

따라서 승강기가 멈춰 있는 층 아래에 4개 층, 위에 3개 층이 있으므로 이 건물은 8층까지 있습니다.

답 8층

2

시계 보기와 규칙 찾기

9시 30분을 시계에 나타내면 짧은바늘이 9와 10 사이에 있고, 긴바늘이 6을 가리킵니다.

따라서 짧은바늘과 긴바늘의 좁은 쪽 사이에 있는 숫자를 모두 찾으면 7, 8, 9로 모두 3개입니다.

답 3개

주의 9시 30분일 때 짧은바늘은 9와 10 사이에 있다는 점에 주의합니다.

3

덧셈과 뺄셈

전체 13명 중에서 1명을 뺀 12명을 남학생과 여학생 수로 똑같이 나누어 ○를 그리면 다음과 같습니다.

예 남학생: ○○○○○○

     여학생: ○○○○○○

따라서 남학생은 6명입니다.

답 6명

4

비교하기

• 미국을 먼저 그리고 중국은 미국보다 더 좁게 그립니다.
• 브라질은 중국보다 더 좁게 그립니다.
• 러시아는 가장 넓게 그립니다.

따라서 좁은 나라부터 차례로 쓰면 브라질, 중국, 미국, 러시아입니다.

답 브라질, 중국, 미국, 러시아

5

여러 가지 모양

그림과 같이 (가)와 모양과 크기가 같은 △ 모양을 6개 만들 수 있습니다.

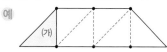

답 6개

참고

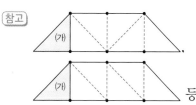

➡ 다른 방법으로 그려도 △ 모양의 수는 같습니다.

6

덧셈과 뺄셈

전체 과일 수를 ○로 그린 후 사과 수만큼 ○를 /으로 지우면 다음과 같습니다.

예 ○○○○○○○○○
⊘⊘⊘⊘⊘⊘⊘⊘⊘
⊘⊘⊘○

위에서 /으로 지우고 남은 ○를 파인애플과 복숭아의 수가 같도록 그리면 다음과 같습니다.

파인애플: ○○○○○

   복숭아: ○○○○○

따라서 파인애플과 복숭아는 각각 5개입니다.

답 5개

(파인애플과 복숭아의 수)
=(전체 과일 수)−(사과 수)
=24−14=10(개)
따라서 파인애플과 복숭아의 수는 같고
5+5=10이므로 파인애플과 복숭아는 각각
5개입니다.

7 _____ 덧셈과 뺄셈

민호가 걸어간 길을 수직선에 그리면 다음과 같습니다.

예
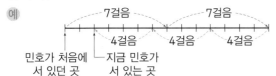

따라서 민호가 서 있는 곳은 처음에 서 있던 곳에서 2걸음 떨어진 곳입니다.

답 ▶ 2걸음

8 _____ 여러 가지 모양

주어진 모양을 위, 앞, 옆에서 보았을 때의 모양을 그리면 다음과 같습니다.

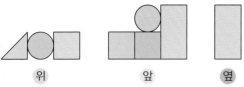

위   앞   옆

따라서 ⬤ 모양은 위에서 보면 1개, 앞에서 보면 1개가 보이므로 모두 2개가 보입니다.

답 ▶ 2개

9 _____ 덧셈과 뺄셈

처음 윤아가 가지고 있던 구슬을 그림으로 나타내면 다음과 같습니다.

예
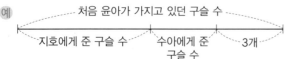

(수아에게 준 구슬 수)=(남은 구슬 수)=3개
(지호에게 준 구슬 수)
=(수아에게 준 구슬 수)+(남은 구슬 수)
=3+3=6(개)

➡ (처음 윤아가 가지고 있던 구슬 수)
    =(지호에게 준 구슬 수)
      +(수아에게 준 구슬 수)
      +(남은 구슬 수)
    =6+3+3=12(개)

답 ▶ 12개

10 _____ 비교하기

자두 1개의 무게를 □, 키위 1개의 무게를 △라고 하면 (복숭아 1개의 무게)=□△△입니다.
(자두 1개와 멜론 1개의 무게)
=(복숭아 1개와 키위 3개의 무게)이므로
□+(멜론 1개의 무게)=□△△△△△입니다.
□는 같으므로 으로 지워 봅니다.
➡ ▨+(멜론 1개의 무게)=▨△△△△△
   (멜론 1개의 무게)=△△△△△
따라서 멜론 1개의 무게는 키위 5개의 무게와 같습니다.

답 ▶ 5개

도전, 창의사고력 34쪽

대화를 나눈 5명의 학생을 ◯로 나타내 봅니다.
• 민성이보다 무거운 사람이 3명 있습니다.
  ➡ (무겁다) ◯ ◯ ◯ 민성 ◯ (가볍다)
• 준영이는 민성이보다 가볍습니다.
  ➡ (무겁다) ◯ ◯ ◯ 민성 준영 (가볍다)
• 재현이는 둘째로 무거운 사람이 아니므로 다음과 같이 2가지 경우가 있습니다.
  ① (무겁다) 재현 ◯ ◯ 민성 준영 (가볍다)
  ② (무겁다) ◯ ◯ 재현 민성 준영 (가볍다)
  효준이는 재현이보다 무겁다고 하였으므로 ①은 답이 될 수 없습니다.
  ➡ (무겁다) ◯ ◯ 재현 민성 준영 (가볍다)
• 동수는 효준이보다 가볍습니다.
  ➡ (무겁다) 효준 동수 재현 민성 준영 (가볍다)
따라서 몸무게가 무거운 사람부터 차례로 이름을 쓰면 효준, 동수, 재현, 민성, 준영입니다.

답 ▶ **효준, 동수, 재현, 민성, 준영**

를 만들어 해결하기

익히기

1

덧셈과 뺄셈

문제분석 농구공은 몇 개

8 / 4

해결전략 8 / 4

풀이 ❶

농구공 수(개)	7	6	5	4
축구공 수(개)	1	2	3	4
공의 수의 차(개)	6	4	2	0

❷ 4 / 4, 6, 2 / 6

답 6

2

덧셈과 뺄셈

문제분석 은민이의 나이는 몇 살

13 / 5

해결전략 13 / 5

풀이

❶

은민이의 나이(살)	12	11	10	9	8	7
동생의 나이(살)	1	2	3	4	5	6
나이의 차(살)	11	9	7	5	3	1

❷ ❶의 표에서 은민이와 동생의 나이의 차가 5살인 경우를 찾으면 은민이는 9살, 동생은 4살입니다.
따라서 은민이의 나이는 9살입니다.

답 9살

다른풀이

은민이와 동생의 나이의 차가 5살이 되도록 표로 나타내고 나이의 합을 구하면 다음과 같습니다.

은민이의 나이(살)	6	7	8	9	10	……
동생의 나이(살)	1	2	3	4	5	……
나이의 합(살)	7	9	11	13	15	……

위의 표에서 은민이와 동생의 나이의 합이 13살인 경우를 찾으면 은민이는 9살, 동생은 4살입니다.

3

100까지의 수

문제분석 50보다 큰 수는 모두 몇 개

3, 5, 7 / 2

풀이 ❶

10개씩 묶음의 수	3	3	5	5	7	7
낱개의 수	5	7	3	7	3	5

❷ 37, 53, 57 / 73, 75
❸ 53, 57, 73 / 75, 4

답 4

4

100까지의 수

문제분석 짝수는 모두 몇 개

1, 4, 9 / 2

풀이

❶

10개씩 묶음의 수	1	1	4	4	9	9
낱개의 수	4	9	1	9	1	4

❷ ❶의 표에서 만들 수 있는 몇십몇은 14, 19, 41, 49, 91, 94입니다.
❸ 짝수는 둘씩 짝을 지을 수 있는 수로 낱개의 수가 0, 2, 4, 6, 8이면 짝수입니다.
따라서 ❷에서 구한 수 중에서 짝수는 14, 94로 모두 2개입니다.

답 2개

5

여러 가지 모양

문제분석 가와 나 중에서 이용한 모양의 수가 승하와 같은 것

풀이 ❶

모양			
승하	3개	5개	3개
가	5개	3개	3개
나	3개	5개	3개

❷ 나

답 나

6

문제분석 가와 나 중에서 이용한 ▨, ▲, ● 모양의 수가 진원이와 같은 것

풀이

❶

모양	▨	▲	●
진원	4개	10개	4개
가	4개	10개	4개
나	4개	9개	4개

❷ 가와 나를 꾸미기 하는 데 이용한 ▨, ▲, ● 모양의 수가 진원이와 같은 것은 가입니다.

답 가

7
시계 보기와 규칙 찾기

문제분석 2시에 도서관에서 나온 사람은 누구 긴바늘, 1

해결전략 1

풀이 **❶** 1 /

이름	아현	진석	준우
도착한 시각	1시 30분	2시	1시
긴바늘이 1바퀴 움직였을 때의 시각	2시 30분	3시	2시

❷ 준우

답 준우

8
시계 보기와 규칙 찾기

문제분석 3시 30분에 체험 학습 장소에 도착한 사람은 누구 2

해결전략 2

풀이

❶

이름	재영	민영	희주	석현
출발한 시각	3시	1시 30분	1시	3시 30분
긴바늘이 2바퀴 움직였을 때의 시각	5시	3시 30분	3시	5시 30분

❷ ❶의 표를 보면 3시 30분에 체험 학습 장소에 도착한 사람은 민영입니다.

답 민영

적용하기 44~47쪽

1

색종이 6장을 나누어 가지는 경우를 표로 나타내면 다음과 같습니다.

정원이가 가지는 색종이 수(장)	1	2	3	4	5
동생이 가지는 색종이 수(장)	5	4	3	2	1

위의 표에서 정원이가 동생보다 색종이를 더 적게 가지는 경우는 다음과 같습니다.
• 정원: 1장, 동생: 5장 • 정원: 2장, 동생: 4장
따라서 정원이가 동생보다 색종이를 더 적게 가질 수 있는 방법은 모두 2가지입니다.

답 2가지

2

주어진 모양과 가, 나를 만드는 데 이용한 각 모양의 수를 표로 나타내면 다음과 같습니다.

모양	◻	⬭	●
주어진 모양	2개	3개	4개
가	3개	2개	4개
나	2개	3개	4개

따라서 주어진 모양을 모두 이용하여 만든 모양은 나입니다.

답 나

3

14를 두 수로 가를 수 있는 경우를 표로 나타내면 다음과 같습니다.

14	1	2	3	4	5	6	7
	13	12	11	10	9	8	7

14	8	9	10	11	12	13
	6	5	4	3	2	1

따라서 수혁이는 상자 한 개에 팽이를 7개씩 넣어야 합니다.

답 7개

4
시계 보기와 규칙 찾기

시계의 짧은바늘과 긴바늘이 가리키는 숫자를 표로 나타내면 다음과 같습니다.

08 문제 해결의 길잡이 심화 1

시각	㉠ 12시	㉡ 5시	㉢ 6시 30분	㉣ 2시 30분
짧은 바늘	12	5	6과 7 사이	2와 3 사이
긴바늘	12	12	6	6

따라서 가로등이 시곗바늘을 모두 가린 시각이
아닌 것은 ㉣ 2시 30분입니다.

답▶ ㉣

5 덧셈과 뺄셈

가야금의 줄 수가 6줄 더 많게 표로 나타내고 줄
수의 합을 구하면 다음과 같습니다.

거문고 줄 수(줄)	1	2	3	4	5	6	……
가야금 줄 수(줄)	7	8	9	10	11	12	……
줄 수의 합(줄)	8	10	12	14	16	18	……

위의 표에서 줄 수의 합이 18줄인 경우를 찾으
면 거문고는 6줄, 가야금은 12줄입니다.

답▶ 거문고: 6줄, 가야금: 12줄

6 100까지의 수

■와 ▲의 차가 5인 경우를 표로 나타내면 다음
과 같습니다.

■	1	2	3	4	5	6	7	8	9
▲	6	7	8	9	0	1	2	3	4

■와 ▲의 차가 5인 두 자리 수 ■▲는 16, 27,
38, 49, 50, 61, 72, 83, 94입니다.
이 중에서 홀수는 27, 49, 61, 83입니다.
따라서 조건을 만족하는 두 자리 수 ■▲는 모두
4개입니다.

답▶ 4개

7 덧셈과 뺄셈

은주, 선빈, 선하가 먹은 젤리 수를 표로 나타내
고 먹은 젤리 수의 합을 구하면 다음과 같습니다.

은주가 먹은 젤리 수(개)	1개	2개	3개
선빈이가 먹은 젤리 수(개)	2개	3개	4개
선하가 먹은 젤리 수(개)	4개	5개	6개
먹은 젤리 수의 합(개)	7개	10개	13개

위의 표에서 젤리 수의 합이 13개인 경우를 찾으
면 은주는 3개, 선빈이는 4개, 선하는 6개입니다.

답▶ 6개

8 덧셈과 뺄셈

㉮와 ㉯ 공방에서 5일 동안 만든 수제화 수를
표로 나타내면 다음과 같습니다.

날수	1일	2일	3일	4일	5일
㉮ 공방에서 만든 수제화 수(켤레)	4	8	12	16	20
㉯ 공방에서 만든 수제화 수(켤레)	3	6	9	12	15

따라서 5일 동안 ㉮와 ㉯ 공방에서 만든 수제화
는 모두 20+15=35(켤레)입니다.

답▶ 35켤레

9 여러 가지 모양

□ 1개짜리, 2개짜리, 3개짜리, 4개짜리로 이
루어진 크고 작은 □ 모양의 수를 표로 나타내
면 다음과 같습니다.

□의 수	1개짜리	2개짜리	3개짜리	4개짜리
□ 모양의 수	6개	6개	2개	2개

따라서 찾을 수 있는 크고 작은 □ 모양은 모두
6+6+2+2=16(개)입니다.

답▶ 16개

10 덧셈과 뺄셈

우빈이와 유리가 가위바위보를 1번, 2번, 3번
…… 했을 때 두 사람이 서 있는 계단을 표로 나
타내면 다음과 같습니다.

가위바위보 횟수	0번	1번	2번	3번	4번	……
우빈	6	8	10	12	14	……
유리	6	5	4	3	2	……
계단 수의 차(계단)	0	3	6	9	12	……

따라서 우빈이가 유리보다 12계단 위에 서 있을
때는 가위바위보를 4번 했을 때입니다.

답▶ 4번

참고 우빈이가 계속 이겼으므로 가위바위보를
한 횟수만큼 우빈이는 2계단씩 올라가고 유리는
1계단씩 내려갑니다.

(1) 0, 1, 2, 3, 4 중에서 두 수를 더하여 4가 되는 경우를 표로 나타내면 다음과 같습니다.

두 수의 합이 4가 되는 경우	4	3	2
	0	1	2

따라서 점수판을 2번 돌려 4점을 얻는 경우는 (4점, 0점), (3점, 1점), (2점, 2점)일 때이므로 모두 3가지입니다.

주의 점수를 얻는 순서는 생각하지 않으므로 (4점, 0점)과 (0점, 4점), (3점, 1점)과 (1점, 3점)은 각각 서로 같습니다.

따라서 (4점, 0점), (3점, 1점), (2점, 2점),

(1점, 3점), (0점, 4점)으로 생각하여 5가지로 답하지 않도록 주의합니다.

(2) 0, 1, 2, 3, 4 중에서 세 수를 더하여 9가 되는 경우를 표로 나타내면 다음과 같습니다.

세 수의 합이 9가 되는 경우	4	4	3
	4	3	3
	1	2	3

따라서 점수판을 3번 돌려 9점을 얻는 경우는 (4점, 4점, 1점), (4점, 3점, 2점), (3점, 3점, 3점)일 때이므로 모두 3가지입니다.

답 (1) 3가지 (2) 3가지

거꾸로 풀어 해결하기

익히기 　50~57쪽

1 　덧셈과 뺄셈

 역에 도착하기 전에 타고 있던 사람은 몇 명
7, 3 / 4

 4

 ❶ 4, 3, 1
❷ 1, 7, 8

답 8

2 　덧셈과 뺄셈

 처음 수아가 가지고 있던 공책은 몇 권
8 / 5 / 9

 9

풀이

❶ (민혁이에게 주기 전 공책 수)
= (수아에게 남은 공책 수)
+ (민혁이에게 준 공책 수)
= 9 + 5 = 14(권)

❷ (재은이에게 받기 전 공책 수)
= (민혁이에게 주기 전 공책 수)
− (재은이에게 받은 공책 수)
= 14 − 8 = 6(권)

답 6권

3 　여러 가지 모양

 민우가 가지고 있는 ▣, ⬤, ⬤ 모양은 각각 몇 개
3, 1

풀이 ❶ 6, 4, 3
❷ 6, 9 / 4, 1, 3 / 3

답 9, 3, 3

4 　여러 가지 모양

 지수가 가지고 있는 ▣, ▲, ⬤ 모양은 각각 몇 개
4, 3

풀이

① ▢ 모양: 12개, △ 모양: 5개, ● 모양: 4개

② ▢ 모양은 4개 부족하므로 12−4=8(개),

△ 모양은 남거나 부족하지 않으므로 5개,

● 모양은 3개 남으므로 4+3=7(개) 가지
고 있습니다.

답 ▢ 모양: 8개, △ 모양: 5개,
● 모양: 7개

5
시계 보기와 규칙 찾기

문제분석 산 입구에서 출발한 시각

3

풀이 **①** 6, 12, 6

② 3 / 3 / 12 / 3

답 3

참고

6
시계 보기와 규칙 찾기

문제분석 집에서 출발한 시각

2

풀이

① 바닷가에 도착한 시각은 짧은바늘과 긴바늘
이 모두 12를 가리키므로 12시입니다.

② 시계의 긴바늘이 2바퀴 움직이면 짧은바늘은
숫자 2칸을 움직입니다.

➡ 시계의 긴바늘이 2바퀴 움직이기 전 짧은
바늘은 10을 가리키고, 긴바늘은 그대로
12를 가리킵니다.

따라서 민주네 가족이 집에서 출발한 시각은
10시입니다.

답 10시

참고

7
덧셈과 뺄셈

문제분석 바르게 계산하면 얼마입니까?

30 / 30, 25

해결전략 덧셈

풀이 **①** 30, 25 / 25, 30, 55

② 55 / 55, 30, 85

답 85

참고

8
덧셈과 뺄셈

문제분석 바르게 계산하면 얼마입니까?

32 / 32, 74

해결전략 뺄셈

풀이

① (어떤 수)+32=74이므로
74−32=(어떤 수), (어떤 수)=42입니다.

② 어떤 수는 42이므로 바르게 계산하면
42−32=10입니다.

답 10

참고

적용하기
58~61쪽

1
덧셈과 뺄셈

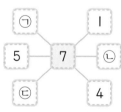

7은 4와 3으로 가를 수 있고 4와 3을 모으면 7이
되므로 ㉠=3입니다.

7은 5와 2로 가를 수 있고 5와 2를 모으면 7이
되므로 ㉡=2입니다.

7은 1과 6으로 가를 수 있고 1과 6을 모으면 7이
되므로 ㉢=6입니다.

답 (위에서부터) 3, 2, 6

어떤 수보다 2 작은 수는 83이므로
83보다 2 큰 수는 어떤 수입니다.
어떤 수는 85입니다.
따라서 어떤 수 85보다 2 큰 수는 87입니다.

답 87

l0개씩 묶음 3개와 낱개 2개는 32이므로 판 지
우개는 32개입니다.
➡ (처음 문구점에 있던 지우개 수)
= (남은 지우개 수) + (판 지우개 수)
= l4 + 32 = 46(개)

답 46개

남은 지우개 l4개는 l0개씩 묶음 l개와 낱개 4
개입니다.
따라서 처음 문구점에 있던 지우개는 l0개씩 묶
음 l + 3 = 4(개)와 낱개 4 + 2 = 6(개)이므로
46개입니다.

소민이와 동생이 5개씩 가졌으므로 나누어 가지
기 전의 마카롱은 모두 5 + 5 = l0(개)입니다.
(소민이가 처음에 가지고 있던 마카롱 수) + 6
= l0이므로
(소민이가 처음에 가지고 있던 마카롱 수)
= l0 - 6 = 4(개)입니다.

답 4개

민욱이가 우주를 꾸미는 데 이용한 각 모양의 수는
■ 모양 9개, ▲ 모양 6개, ● 모양 5개입니다.
■ 모양은 3개 남았으므로 민욱이가 가지고 있던
■ 모양은 9 + 3 = l2(개)입니다.
민욱이가 가지고 있던 ■, ▲, ● 모양의 수는
모두 같았으므로 우주를 꾸미고 남은 ▲ 모양은

l2 - 6 = 6(개), ● 모양은 l2 - 5 = 7(개)입니다.

답 ▲ 모양: 6개, ● 모양: 7개

(정수가 사용하고 남은 색종이 수)
= l4 - 9 = 5(장)
두 사람이 사용하고 남은 색종이 수가 같으므로
선미가 사용하고 남은 색종이도 5장입니다.
l7 - (선미가 사용한 색종이 수) = 5이므로
(선미가 사용한 색종이 수) = l7 - 5 = l2(장)입
니다.

답 l2장

42의 l0개씩 묶음의 수와 낱개의 수를 바꾸어
쓴 수는 24입니다.
잘못 계산한 식을 만들면
(어떤 수) - 24 = 2l이므로
(어떤 수) = 2l + 24 = 45입니다.
따라서 어떤 수는 45이므로 바르게 계산하면
45 + 42 = 87입니다.

답 87

거울에 비친 시계는 짧은바늘이 7과 8 사이를 가리
키고 긴바늘이 6을 가리키므로 7시 30분입니다.
시계의 긴바늘이 2바퀴 움직일 때 짧은바늘은
숫자 2칸을 움직이므로 시계의 긴바늘이 2바퀴
움직이기 전 짧은바늘은 5와 6 사이를 가리키고
긴바늘은 6을 가리킵니다.
따라서 배구 경기가 시작된 시각은 5시 30분입
니다.

답 5시 30분

추 4개를 넣었을 때 물의 높이는 눈금 7칸입니다.
추 2개를 더 넣어 6개가 되었을 때 물의 높이는
눈금 9칸입니다.
추 2개를 더 넣었을 때 물의 높이가 눈금
9 - 7 = 2(칸)만큼 높아졌으므로 추 2개를 꺼낼
때마다 물의 높이가 눈금 2칸씩 낮아집니다.

➡ (추를 모두 꺼냈을 때 물의 높이)
  ＝(추 4개를 넣었을 때 물의 높이)
    －(추 2개를 꺼낼 때 낮아지는 물의 높이)
    －(추 2개를 꺼낼 때 낮아지는 물의 높이)
  ＝7－2－2＝3(칸)

답 3칸

10 덧셈과 뺄셈

청팀은 줄다리기 3번 중 2번 이겨서 40점을 얻
고 I번 져서 I0점을 잃었습니다.
(75점에서 I0점을 잃기 전 점수)
＝75＋I0＝85(점)
(85점에서 40점을 얻기 전 점수)
＝85－40＝45(점)
따라서 처음 시작할 때 청팀의 점수는 45점입니다.

답 45점

다른 풀이

청팀은 2번 이겨서 40점을 얻고 I번 져서 I0점을
잃었으므로 총 40－I0＝30(점)을 얻었습니다.
(처음 시작할 때 청팀의 점수)＋30＝75이므로
(처음 시작할 때 청팀의 점수)
＝75－30＝45(점)입니다.

도전, 창의사고력   62쪽

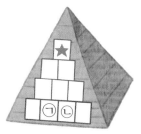

㉠과 ㉡에 가장 큰 수와 둘째로 큰 수를 넣으면 피
라미드의 가장 위 칸의 수가 가장 커지고, ㉠과 ㉡
에 가장 작은 수와 둘째로 작은 수를 넣으면 피라
미드의 가장 위 칸의 수가 가장 작아집니다.

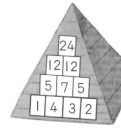 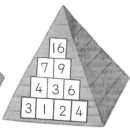

따라서 만든 수 피라미드에서 ★이 될 수 있는 수
중에서 가장 큰 수는 24이고 가장 작은 수는 I6
입니다.

답 가장 큰 수: 24, 가장 작은 수: I6

규칙을 찾아 해결하기

전략 세움

익히기 64~71쪽

1 50까지의 수

문제 분석 ★과 ♥에 알맞은 수 중에서 더 큰 수
30

풀이 ❶ 3, 4, 5 / I / 23 / II
❷ 20, 20 / 24, 25, 25 / 20, 25, 25

답 25

2 50까지의 수

문제 분석 에 알맞은 수는 ☀에 알맞은 수보다 얼
마만큼 더 큰 수

풀이
❶ • 오른쪽 방향:
    I－5－9－……
    ➡ 오른쪽으로 한 칸 갈 때마다 4씩 커집니다.
  • 아래쪽 방향:
    I－2－3－4, 5－6－7－8……
    ➡ 아래쪽으로 한 칸 갈 때마다 I씩 커집니다.
❷ • I부터 4씩 큰 수를 쓰면
    I－5－9－I3－I7－2I－25－……이므로
    ☀＝25입니다.
  • 33부터 I씩 큰 수를 쓰면
    33－34－35－……이므로 ＝35입니다.
  따라서 35는 25보다 I0만큼 더 큰 수입니다.

답 I0

3

문제
분석 **14번째에 놓이는 모양**

풀이 ❶

...... /

❷
10번째 11번째 12번째 13번째 14번째

답

4

문제
분석 **15번째까지 모양을 놓았을 때 △ 모양은
모두 몇 개**

풀이 ❶ 반복되는 부분마다 /로 표시해 보면

첫 번째

➡ △ – ● – ■ – △ 모양이 반복되는 규
칙입니다.

❷ 규칙에 따라 15번째까지 놓이는 모양을 늘어
놓으면 다음과 같습니다.
➡
첫 번째

따라서 △ 모양은 모두 7개입니다.

답 7개

다른
풀이 ❷ △ – ● – ■ – △ 모양이 반복되므로
1, 5, 9, 13번째와 4, 8, 12번째에 놓이는
모양은 △ 모양입니다.
따라서 15번째까지 모양을 놓았을 때 △ 모
양은 모두 4+3=7(개)입니다.

5

문제
분석 **네 번째 기차의 출발 시각**

풀이 ❶ 12, 3
❷ 8 / 3, 11 / 11 / 12, 11

답 11

참고
첫 번째 두 번째 세 번째 네 번째

6

문제
분석 **여섯 번째 버스의 출발 시각**

풀이

❶ 긴바늘은 모두 6을 가리키고 짧은바늘은 숫
자 2칸만큼씩 움직입니다.

❷ 네 번째 시계의 짧은바늘이 6과 7 사이를 가
리키므로 다섯 번째 시계의 짧은바늘은 숫자
2칸만큼을 움직인 8과 9 사이를 가리키고,
여섯 번째 시계의 짧은바늘은 숫자 2칸만큼
을 움직인 10과 11 사이를 가리킵니다.
따라서 여섯 번째 버스의 출발 시각은 긴바늘
이 6을 가리키고 짧은바늘이 10과 11 사이
를 가리키므로 10시 30분입니다.

답 10시 30분

참고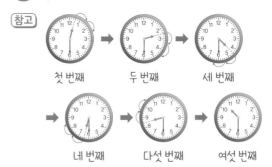
첫 번째 두 번째 세 번째

네 번째 다섯 번째 여섯 번째

7

문제
분석 **일곱째 날 승현이가 한 팔 굽혀 펴기는 몇 번**
7 / 5, 7, 9

풀이 ❶ 5, 7, 9 / 2
❷ 9 / 9, 2, 11 / 11, 2, 13 /
13, 2, 15 / 15, 2, 17

답 17

8

문제
분석 **여섯째 날 지오가 딴 옥수수는 몇 개**
6 / 1, 2 / 4, 7

풀이

① 딴 옥수수 수는 1개, 2개, 4개, 7개……이
므로 1개, 2개, 3개……씩 늘어나는 규칙입
니다.

② (넷째 날 딴 옥수수 수)=7개
(다섯째 날 딴 옥수수 수)
=(넷째 날 딴 옥수수 수)+4
=7+4=11(개)
(여섯째 날 딴 옥수수 수)
=(다섯째 날 딴 옥수수 수)+5
=11+5=16(개)

답 16개

참고

첫째 날	둘째 날	셋째 날	넷째 날	다섯째 날	여섯째 날
1개	2개	4개	7개	11개	16개

+1 +2 +3 +4 +5

적용하기
72~75쪽

1
시계 보기와 규칙 찾기

✋–✌–✋–가 반복되는 규칙입니다.

규칙에 따라 ㉠에 알맞은 것은 ✋이고, ㉡에 알
맞은 것은 ✌입니다.

따라서 ㉠과 ㉡에 현아가 펼친 손가락 수의 합
은 5+2=7(개)입니다.

답 7개

2
50까지의 수

보기의 규칙은 오른쪽으로 한 칸 갈 때마다 3씩
작아지는 규칙입니다.

처음 수보다 3 작은 수가 47이므로 처음 수는
50이고 44보다 3 작은 수는 41, 41보다 3 작
은 수는 38, 38보다 3 작은 수는 35입니다.

따라서 ★에 알맞은 수는 35입니다.

답 35

3
시계 보기와 규칙 찾기

가 반복되는 규칙입니다.

따라서 □ 안에 알맞은 음표를 오선 위에 그리면
차례로 입니다.

답 (앞에서부터)

참고 • 음표

♩	♩	2분 음표
♩	♩	4분 음표
♪	♪	8분 음표

• 음의 높이(계이름)

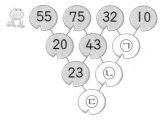

도 레 미 파 솔 라 시 도

4
덧셈과 뺄셈

75-55=20, 75-32=43, 43-20=23
이므로 위의 두 수의 차를 아래 모양 안에 써넣
는 규칙입니다.

• ㉠=32-10=22

• ㉡=43-22=21

• ㉢=23-21=2

답 (위에서부터) 22, 21, 2

5
시계 보기와 규칙 찾기

(가), (나), (다), (라)에서 쓴 1의 개수는

(가) 1개

(나) 1+2=3(개)

(다) 1+2+3=6(개)

(라) 1+2+3+4=10(개)

따라서 규칙에 따라 (마)에는 1을

1+2+3+4+5=15(개) 써야 합니다.

답 15개

참고 (마)에 알맞은 수는 다음과 같습니다.

```
        1
      101
    10101
  1010101
101010101
```

-  모양이 |개, 4개, 9개……로 한 층에 놓이는 수가 |개씩 늘어나고 층수도 |층씩 늘어나는 규칙입니다.
  ➡ 다음에 놓아야 할 모양을 만드는 데 필요한 모양은 한 층에 4개씩 4층이므로 4+4+4+4=16(개)입니다.

- 모양 위에 ⬤ 모양이 |개, 3개, 5개……로 2개씩 늘어나는 규칙입니다.
  ➡ 다음에 놓아야 할 모양을 만드는 데 필요한 ⬤ 모양은 5+2=7(개)입니다.

  답 모양: 16개, ⬤ 모양: 7개

색칠한 수는 6, 14, 22이므로 6부터 시작하여 8씩 커집니다.
따라서 색칠해야 할 나머지 수를 모두 구하면
30-38-46-54-62-70-78-86-94
이 중에서 가장 큰 수는 94입니다.

답 94

거울에 비친 시계의 시각은 차례로
| |시-9시-□시-5시이므로 ⬤시에서 ⬤가 2씩 작아지는 규칙입니다.
따라서 | |-9-7-5이므로 빈 곳에 알맞은 시계의 시각은 7시입니다.

답 7시

참고 거울에 비치기 전 시계를 그리면 다음과 같습니다.

△ 모양을 |개 만드는 데 면봉이 3개 필요하고 그 다음부터는 △ 모양을 |개씩 더 만드는 데 면봉이 2개씩 더 필요합니다.

따라서 △ 모양을 7개 만드는 데 필요한 면봉은
3+2+2+2+2+2+2=15(개)입니다.

답 15개

- 9☆=15에서 계산 결과가 커졌으므로 ☆은 어떤 수를 더하는 규칙입니다.
  9+(어떤 수)=15이므로
  (어떤 수)=15-9=6입니다.
  ➡ ☆의 규칙: 6을 더합니다.

- | |♡=8에서 계산 결과가 작아졌으므로 ♡는 어떤 수를 빼는 규칙입니다.
  | |-(어떤 수)=8이므로
  (어떤 수)=| |-8=3입니다.
  ➡ ♡의 규칙: 3을 뺍니다.

따라서 7☆=7+6=13,
13♡=13-3=10이므로 7☆♡=10입니다.

답 10

도전, 창의사고력

다람쥐는 [정육면체], [원기둥], ⬤, [직육면체] 모양의 순서로 지나갑니다.
순서에 주의하여 주어진 길에 놓인 모양을 한 번씩 모두 지나가도록 선을 그어 봅니다.

답

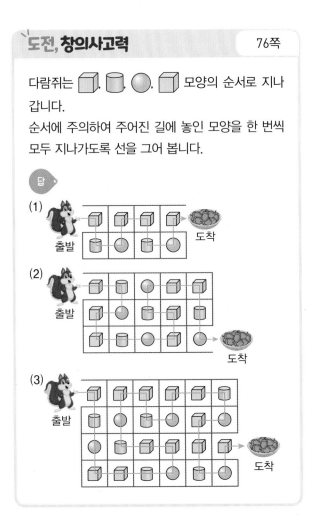

조건을 따져 해결하기

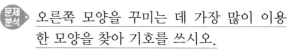

1
50까지의 수

문제분석 수현이가 설명하는 수
작습니다 / 1

해결전략 포함되지 않습니다

풀이
① 30, 31, 32, 33, 34
② 29, 34
③ 34

답 34

2
100까지의 수

문제분석 조건을 만족하는 수는 모두 몇 개
큽니다 / 짝수

해결전략 있는

풀이
① 73보다 크고 86보다 작은 수는 74, 75, 76, 77, 78, 79, 80, 81, 82, 83, 84, 85입니다.
② ①에서 구한 수 중에서 10개씩 묶음의 수가 낱개의 수보다 큰 수는 74, 75, 76, 80, 81, 82, 83, 84, 85입니다.
③ 짝수는 낱개의 수가 0, 2, 4, 6, 8입니다.
따라서 ②에서 구한 수 중에서 짝수는 74, 76, 80, 82, 84이므로 모두 5개입니다.

답 5개

3
여러 가지 모양

문제분석 오른쪽 모양을 만드는 데 가장 적게 이용한 모양을 찾아 기호를 쓰시오.

풀이
① 🛢 / ⚪ / 🧊
② 6, 4, 3 / ⚪ / ㉡

답 ㉡

4
여러 가지 모양

문제분석 오른쪽 모양을 꾸미는 데 가장 많이 이용한 모양을 찾아 기호를 쓰시오.

풀이
① ㉠ 뾰족한 곳이 없고 선이 둥글게 휘어 있으므로 ⚪ 모양입니다.
㉡ 뾰족한 곳이 3군데이므로 △ 모양입니다.
㉢ 🛢 모양에서 찾을 수 있는 모양이므로 ▢ 모양입니다.

② 이용한 ▢, △, ⚪ 모양의 수를 세어 보면 ▢ 모양 11개, △ 모양 12개, ⚪ 모양 10개입니다.
따라서 가장 많이 이용한 모양은 △ 모양이므로 ㉡입니다.

답 ㉡

5
비교하기

문제분석 주전자에 남은 물의 양이 가장 많은 것을 찾아 기호를 쓰시오.

풀이
① 적습니다 / ㉠, ㉢, ㉡
② 많습니다 / ㉠ / ㉠

답 ㉠

6
비교하기

문제분석 보온병에 남은 물의 양이 적은 것부터 차례로 기호를 쓰시오.

풀이
① 그릇의 크기가 같으면 물의 높이가 높을수록 담긴 물의 양이 많고,
물의 높이가 같으면 그릇의 크기가 클수록 담긴 물의 양이 많습니다.
따라서 그릇에 담긴 물의 양이 많은 것부터 차례로 기호를 쓰면 ㉠, ㉢, ㉡, ㉢입니다.

❷ 그릇에 담긴 물의 양이 많을수록 보온병에 남은 물의 양이 적습니다.
따라서 보온병에 남은 물의 양이 적은 것부터 차례로 기호를 쓰면 ㉠, ㉣, ㉡, ㉢입니다.

(답) ㉠, ㉣, ㉡, ㉢

7

(문제분석) 만든 식의 계산 결과가 가장 작을 때의 값

(해결전략) ⟨10개씩 묶음⟩

(풀이) ❶ 0, 2, 3, 5 / 2, 3 / 0, 5 /
(예) 2, 0, 3, 5
❷ 20, 35, 55

(답) 55

(주의) 몇십몇을 만들어야 하므로 0은 10개씩 묶음의 자리에 놓을 수 없습니다.

(참고) 20+35, 25+30, 30+25, 35+20과 같이 여러 가지 덧셈식을 만들 수 있지만 계산 결과는 모두 55입니다.

8
덧셈과 뺄셈

(문제분석) 만든 식의 계산 결과가 가장 클 때의 값

(해결전략) ⟨가장 작은⟩

(풀이)

❶ 수 카드의 크기를 비교하면 8>7>4>1
만들 수 있는 몇십몇 중에서 가장 큰 수는 87이고, 가장 작은 수는 14입니다.
따라서 계산 결과가 가장 큰 뺄셈식은 87−14입니다.
❷ 87−14=73

(답) 73

적용하기
86~89쪽

1
9까지의 수

2부터 9까지의 수를 순서대로 쓰면 2, 3, 4, 5, 6, 7, 8, 9이므로 2와 9 사이에 있는 수는 3, 4, 5, 6, 7, 8입니다.

이 중에서 7보다 작은 수는 3, 4, 5, 6입니다.
따라서 조건을 만족하는 수는 3, 4, 5, 6으로 모두 4개입니다.

(답) 4개

(주의) 2와 9 사이의 수에 2와 9는 포함되지 않습니다.

2
여러 가지 모양

평평한 부분이 있는 모양은 ⬛ 모양, ⬜ 모양이고 이 중에서 눕혔을 때 잘 굴러가는 모양은 ⬜ 모양입니다.
따라서 유리가 설명하는 모양은 ⬜ 모양입니다.
주어진 물건 중에서 ⬜ 모양을 찾으면 두루마리 휴지, 북, 연필꽂이, 풀로 모두 4개입니다.

(답) 4개

3
덧셈과 뺄셈

• 8−㉡=0이므로
㉡=8−0=8입니다.
• ㉠−2=7이므로
㉠=7+2=9입니다.
➡ ㉠+㉡=9+8=17

(답) 17

4
비교하기

병에 든 알갱이의 크기가 클수록 알갱이 사이의 공간이 많아 병 안에 빈 공간이 많습니다.
따라서 알갱이의 크기가 가장 큰 자갈을 담은 병이 병 안에 빈 공간이 가장 많습니다.

(답) 자갈을 담은 병

5
덧셈과 뺄셈

7+3=10, 2+8=10이므로 더해서 10이 되는 두 수는 7과 3, 2와 8입니다.
합이 12가 되려면 10에 2를 더해야 합니다.
따라서 합이 12가 되는 세 수는 7, 2, 3입니다.

(답) 7, 2, 3

18 문제 해결의 길잡이 심화 1

- 혜지는 10장씩 묶음 3개보다 7장 더 모았으므로 혜지가 모은 붙임딱지는 10장씩 묶음 3개와 낱개 7장인 37장입니다.
- 은정이는 6장만 더 모으면 10장씩 묶음 4개가 되므로 은정이가 모은 붙임딱지는 10장씩 묶음 3개와 낱개 4장인 34장입니다.
- 연주가 모은 붙임딱지는 10장씩 묶음 4개이므로 40장입니다.

40>37>34이므로 붙임딱지를 많이 모은 순서대로 이름을 쓰면 연주, 혜지, 은정입니다.

답 연주, 혜지, 은정

- 성냥개비 4개로 만든 ⬜ 모양:

  ①, ②, ③, ④ ➡ 4개

- 성냥개비 6개로 만든 ▭ 모양:

  ①+②, ③+④, ①+③, ②+④ ➡ 4개

- 성냥개비 8개로 만든 ⬜ 모양:

  ①+②+③+④ ➡ 1개

따라서 찾을 수 있는 크고 작은 ⬛ 모양은
4+4+1=9(개)입니다.

답 9개

- 서영이는 13점을 얻고 4점을 잃었습니다.
  ➡ 서영이가 얻은 점수는 13-4=9(점)입니다.
- 동훈이는 1■점을 얻고 5점을 잃었으므로
  (1■-5)점을 얻었습니다.

서영이가 더 높은 점수를 얻었으므로
1■-5<9입니다.

따라서 ■는 4보다 작은 수이어야 하므로 0부터 9까지의 수 중에서 ■에 알맞은 수는 0, 1, 2, 3입니다.

답 0, 1, 2, 3

- 하나: 긴바늘이 6을 가리키므로
  ■시 30분입니다.
  짧은바늘은 ■와 ■+1 사이에 있으므로
  ■+■+1=7, ■+■=6, ■=3입니다.
  ➡ 하나가 미술관에 도착한 시각은 3시 30분입니다.
- 진혁: 긴바늘이 12를 가리키고 있으므로
  ▲시입니다.
  ▲+12=15이므로 ▲=15-12=3입니다.
  ➡ 진혁이가 미술관에 도착한 시각은 3시입니다.

따라서 하나와 진혁이 중에서 미술관에 먼저 도착한 사람은 진혁입니다.

답 진혁

보기 의 왼쪽 저울에서 ㉠+㉡=㉡+㉢이므로
㉠=㉢입니다.
보기 의 오른쪽 저울에서 ㉠+㉣>㉡+㉢이고
㉠=㉢이므로 ㉣>㉡입니다.
따라서 가: ㉠+㉡과 나: ㉢+㉣을 비교하면
㉠과 ㉢은 무게가 같고 ㉣은 ㉡보다 더 무거우므로 ㉣이 있는 나의 무게가 더 무겁습니다.

답 나

도전, 창의사고력 90쪽

로봇 강아지가 가야 하는 방향의 조건을 따져 빈칸에 알맞은 조종 버튼을 그립니다.

전략 이룸 50제

92~95쪽

1~10

1 8칸   **2** (라)   **3** 2+3=5
4 (앞에서부터) 16, 13, 7, 1
5 ㉲   **6** 42쪽   **7** 4개
8 27살   **9** 구슬   **10** 3개

---

1 그림을 그려 해결하기

기차의 칸을 ◯로, 그중 준석이가 탄 칸을 ●로 나타내면 다음과 같습니다.
(앞) ◯ ◯ ◯ ◯ ◯ ● ◯ ◯ (뒤)
　　　　　　　　　준석
준석이가 타고 있는 칸 앞에 5칸, 뒤에 2칸이 있으므로 기차는 모두 8칸입니다.

2 거꾸로 풀어 해결하기

아래의 그림에서 ◯ 모양을 찾으면 피자입니다.
따라서 피자에서부터 거꾸로 밧줄을 따라가면 연결되어 있는 것은 (라)입니다.

3 조건을 따져 해결하기

수 카드 5와 2를 서로 바꾸면 2+3=5가 되어 계산이 맞는 덧셈식이 됩니다.
따라서 수 카드 5와 2를 서로 바꿉니다.
➡ 2+3=5

4 규칙을 찾아 해결하기

25부터 시작하여 3씩 작아지는 규칙입니다.
19-3=16, 16-3=13, 10-3=7,
4-3=1
따라서 빈 곳에 알맞은 수는 차례로 16, 13, 7, 1입니다.

5 조건을 따져 해결하기

수로 나타내면 다음과 같습니다.
㉠ 42 ㉡ 45 ㉢ 41 ㉣ 43 ㉲ 40
따라서 40<41<42<43<45이므로 가장 작은 수는 ㉲ 40입니다.

6 식을 만들어 해결하기

(윤아가 읽은 쪽수)
=(승혜가 읽은 쪽수)-27
=69-27=42(쪽)

7 조건을 따져 해결하기

64보다 크고 73보다 작은 수는 65, 66, 67, 68, 69, 70, 71, 72입니다.
이 중에서 10개씩 묶음의 수가 낱개의 수보다 큰 수는 65, 70, 71, 72입니다.
따라서 조건을 만족하는 수는 모두 4개입니다.

8 식을 만들어 해결하기

(언니의 나이)=(지윤이의 나이)+5
　　　　　　=11+5=16(살)
➡ (지윤이의 나이)+(언니의 나이)
　 =11+16=27(살)

9 조건을 따져 해결하기

밑줄 친 물건의 각 모양은 김밥, 음료수 캔, 나무 기둥은 ⬭ 모양이고, 구슬은 ◯ 모양입니다.
따라서 밑줄 친 물건 중에서 모양이 다른 것은 구슬입니다.

10 표를 만들어 해결하기

10개씩 묶음의 수와 낱개의 수의 합이 3이 되도록 표로 나타내면 다음과 같습니다.

10개씩 묶음의 수	1	2	3
낱개의 수	2	1	0

따라서 두 자리 수 중에서 10개씩 묶음의 수와 낱개의 수의 합이 3인 수는 12, 21, 30으로 모두 3개입니다.

주의 두 자리 수이므로 10개씩 묶음의 수는 0이 될 수 없습니다.

11~20	96~99쪽

11 57	**12** 10시 30분
13 9장	**14** 9개
15 도현, 윤서, 수아	**16** 17
17 ■: 7, ▲: 3	**18** 21개
19 ㉡	**20** 10걸음

11 거꾸로 풀어 해결하기

잘못 계산한 식을 만들면
(어떤 수)−13=31이므로
(어떤 수)=31+13=44입니다.
따라서 바르게 계산하면
(어떤 수)+13=44+13=57입니다.

12 조건을 따져 해결하기

6시에 경기가 시작되었으므로 짧은바늘은 6, 긴바늘은 12를 가리킵니다.
시계의 긴바늘이 1바퀴 움직이면 짧은바늘은 숫자 1칸만큼을 움직이므로 긴바늘이 4바퀴 반 움직이면 짧은바늘은 숫자 4칸 반만큼을 움직입니다.
경기가 끝났을 때는 짧은바늘이 10과 11 사이를 가리키고 긴바늘이 6을 가리킵니다.
따라서 야구 경기가 끝난 시각은 10시 30분입니다.

13 표를 만들어 해결하기

미주와 동생이 도화지 15장을 나누어 가지는 경우를 표로 나타내고 도화지 수의 차를 구하면 다음과 같습니다.

미주가 가지는 도화지 수(장)	14	13	12	11
동생이 가지는 도화지 수(장)	1	2	3	4
도화지 수의 차(장)	13	11	9	7

미주가 가지는 도화지 수(장)	10	9	8
동생이 가지는 도화지 수(장)	5	6	7
도화지 수의 차(장)	5	3	1

위의 표에서 미주와 동생의 도화지 수의 차가 3장인 경우를 찾으면 도화지를 미주가 9장, 동생이 6장 가져야 합니다.

14 식을 만들어 해결하기

모양을 꾸미는 데 이용한 각 모양의 수는 ■ 모양 2개, ▲ 모양 7개, ● 모양 6개입니다.
가장 많이 이용한 모양은 ▲ 모양으로 7개이고, 가장 적게 이용한 모양은 ■ 모양으로 2개입니다.
➡ (가장 많이 이용한 모양의 수)
　＋(가장 적게 이용한 모양의 수)
　＝7+2=9(개)

15 그림을 그려 해결하기

수아의 키를 먼저 그리고 수아의 키가 도현이보다 더 작으므로 도현이의 키는 수아보다 더 크게 그립니다.
윤서의 키는 가장 작지 않으므로 수아보다 더 크게 그리고, 도현이보다 더 작게 그립니다.

예
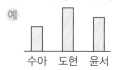

따라서 키가 큰 사람부터 차례로 이름을 쓰면 도현, 윤서, 수아입니다.

다른전략 조건을 따져 해결하기

윤서를 기준으로 조건을 따져 봅니다.
윤서의 키는 가장 작지 않으므로 수아와 도현이 중 윤서보다 더 작은 사람이 있습니다.
그런데 수아와 윤서는 도현이보다 키가 더 작으므로 윤서보다 키가 더 작은 사람은 수아입니다.

16 거꾸로 풀어 해결하기

• → 방향으로 10씩 커지므로 ← 방향으로 10씩 작아집니다.
• ↓ 방향으로 1씩 작아지므로 ↑ 방향으로 1씩 커집니다.

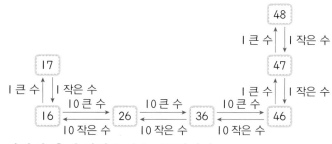

따라서 ㉠에 알맞은 수는 17입니다.

17 표를 만들어 해결하기

■ > ▲이므로 두 수의 합이 10이 되도록 표로
나타내고 그 차를 구하면 다음과 같습니다.

■	9	8	7	6
▲	1	2	3	4
■-▲	8	6	4	2

위의 표에서 차가 4인 경우를 찾으면
■=7, ▲=3입니다.

18 식을 만들어 해결하기

(한 주머니에 들어 있는 구슬 수)
=(빨간색 구슬 수)+(파란색 구슬 수)
=25+32=57(개)
두 주머니에 들어 있는 구슬 수가 같으므로
(다른 주머니에 들어 있는 빨간색 구슬 수)
=57-36=21(개)입니다.

19 거꾸로 풀어 해결하기

주어진 도장을 찍었을 때 나타나는 모양은
㉠ ■ 모양, ㉡ ▲ 모양, ㉢ ● 모양입니다.
모양이 위에 있을수록 나중에 찍은 도장입니다.

• ■ 모양은 가장 위에 찍혀 있습니다.

➡ 가장 나중에 찍은 도장은 ■ 모양입니다.

• ▲ 모양은 ● 모양 위에 찍혀 있습니다.

➡ ■ 모양을 찍기 바로 전에 사용한 도장은
▲ 모양이고, ▲ 모양 전에 사용한 도장은
● 모양입니다.

따라서 가장 먼저 찍은 도장의 기호는 ㉢입니다.

20 표를 만들어 해결하기

경호와 수연이의 걸음 수를 표로 나타내면 다음
과 같습니다.

경호의 걸음 수(걸음)	3	6	9	12	15
수연이의 걸음 수(걸음)	2	4	6	8	10

위의 표에서 경호가 15걸음 걸을 때를 찾으면
수연이는 10걸음 걷습니다.

21~30   100~103쪽

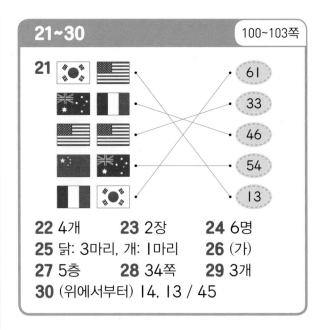

22 4개   **23** 2장   **24** 6명
25 닭: 3마리, 개: 1마리   **26** (가)
27 5층   **28** 34쪽   **29** 3개
30 (위에서부터) 14, 13 / 45

21 조건을 따져 해결하기

🇺🇸🇺🇸는 같은 국기가 반복되므로 같은 두 숫자
가 반복되는 수를 찾으면 33입니다.
따라서 🇺🇸=3입니다.

• 🇺🇸가 있는 🇰🇷🇺🇸는 ☐3이므로 13이고
🇰🇷=1입니다.

• 🇰🇷가 있는 ▋🇰🇷는 ☐1이므로 61이고
▋=6입니다.

• ▋가 있는 ▋는 ☐6이므로 46이고
🇦🇺=4입니다.

• 🇦🇺가 있는 🇦🇺는 ☐4이므로 54입니다.

22 규칙을 찾아 해결하기

벽지의 일부분을 보고 규칙을 찾아보면 🥁, △,
🦋, △이 반복되는 규칙입니다.

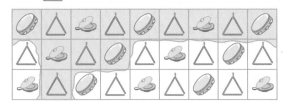

따라서 찢어진 부분에 있던 🦋 수를 세어 보면
모두 4개입니다.

23 그림을 그려 해결하기

종현이와 현지가 가지고 있는 붙임딱지의 수만
큼 ○로 그린 다음, 종현이가 현지에게 준 붙임
딱지의 수만큼 ╱으로 지우고 현지가 받은 붙임
딱지의 수만큼 ●를 그리면 다음과 같습니다.

종현: ○○○○○○○○○○⊘⊘
현지: ○○○○○○○○●●
따라서 종현이가 현지에게 준 붙임딱지는 2장입니다.

24 거꾸로 풀어 해결하기

(4층에서 8명이 내리기 전에 타고 있던 사람 수)
$=3+8=11$(명)
(3층에서 5명이 더 타기 전에 타고 있던 사람 수)
$=11-5=6$(명)
따라서 1층에서 승강기를 탄 사람은 6명입니다.

25 표를 만들어 해결하기

닭과 개의 수의 합이 4마리일 때 다리 수의 합을 표로 나타내면 다음과 같습니다.

닭의 수(마리)	개의 수(마리)	다리 수의 합(개)
1	3	$2+4+4+4=14$
2	2	$2+2+4+4=12$
3	1	$2+2+2+4=10$

위의 표에서 다리 수의 합이 10개일 때를 찾으면 닭은 3마리, 개는 1마리입니다.

26 그림을 그려 해결하기

빈 곳에 크기와 모양이 같은 벽돌을 그려 모두 채워 봅니다.
(가)

➡ 빈 곳에 들어갈 벽돌은 7개입니다.
(나)

➡ 빈 곳에 들어갈 벽돌은 8개입니다.
빈 곳에 들어갈 벽돌 수가 적을수록 벽은 더 넓습니다.
따라서 (가)와 (나) 중에서 더 넓은 벽은 (가)입니다.

27 그림을 그려 해결하기

승규, 미수, 효리가 사는 층을 그림으로 나타내면 다음과 같습니다.

예

따라서 승규네 집은 5층입니다.

다른전략 식을 만들어 해결하기

미수네 집은 8층입니다.
효리네 집은 미수네 집보다 4층 더 올라가야 하므로 $8+4=12$(층)입니다.
승규네 집은 효리네 집에서 7층 내려가야 하므로 $12-7=5$(층)입니다.
따라서 승규네 집은 5층입니다.

28 그림을 그려 해결하기

재희가 읽은 쪽수를 그림으로 나타내면 다음과 같습니다.

예

전체 쪽수에서 어제까지 읽은 쪽수를 빼면
$89-43=46$(쪽)입니다.
남은 46쪽에서 내일 읽을 쪽수를 빼면
$46-12=34$(쪽)입니다.
따라서 재희가 오늘 읽은 책은 34쪽입니다.

29 조건을 따져 해결하기

$9-2=7$, $7-\square=3$을 만족하는 $\square$를 구하면
$\square=7-3=4$입니다.
$7-4=3$이므로 $7-\square$가 3보다 크려면 $\square$는 4보다 작아야 합니다.
따라서 $\square$ 안에 들어갈 수 있는 수는 1, 2, 3으로 모두 3개입니다.

30 거꾸로 풀어 해결하기

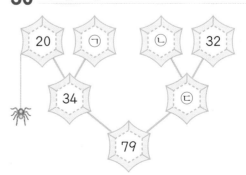

- $20+\bigcirc=34$이므로
  $\bigcirc=34-20=14$입니다.
- $34+\bigcirc\bigcirc=79$이므로
  $\bigcirc\bigcirc=79-34=45$입니다.
- $\bigcirc+32=45$이므로
  $\bigcirc=45-32=13$입니다.

31~40		104~107쪽
31 32번	**32** 26살	**33** 1시
34 가, 나, 다		**35** 6개
36 ⬜	**37** 2개	**38** 65
39 호영, 상호, 신영, 수민		**40** 47

31 식을 만들어 해결하기

- 0부터 9까지는 수가 10개 있고 키보드를 1번 씩 눌러야 하므로 모두 10번 눌러야 합니다.
- 10부터 20까지는 수가 11개 있고 키보드를 각각 2번씩 눌러야 하므로 모두
  $11+11=22$(번) 눌러야 합니다.

따라서 키보드는 모두 $10+22=32$(번) 눌러야 합니다.

[주의] 10부터 20까지의 수가 10개라고 생각하지 않도록 주의합니다.

32 식을 만들어 해결하기

쌍둥이의 나이를 $\square$살이라고 하면 쌍둥이의 나이는 같으므로 $\square+\square=$(삼촌의 나이)이고,
(삼촌의 나이)$-\square=13$이므로
$\square+\square-\square=13$, $\square=13$입니다.
➡ (삼촌의 나이)$=13+13=26$(살)

33 규칙을 찾아 해결하기

첫 번째, 두 번째, 세 번째 시계에서 긴바늘은 모두 12를 가리키고 짧은바늘은 숫자 4칸만큼씩 움직이는 규칙입니다.
세 번째 시계의 짧은바늘이 9를 가리키므로 네 번째 시계의 짧은바늘은 9에서 숫자 4칸만큼을 움직인 1을 가리킵니다.
따라서 네 번째 시계의 시각은 1시입니다.

34 조건을 따져 해결하기

나 컵에 물을 가득 담아 가 컵에 부으면 물이 넘치므로 가 컵이 나 컵보다 더 작습니다.
나 컵에 물을 가득 담아 다 컵에 부으면 물이 모자라므로 나 컵이 다 컵보다 더 작습니다.
따라서 컵의 크기가 작은 것부터 차례로 기호를 쓰면 가, 나, 다입니다.

[참고] 나 컵에 물이 가득 찼을 때 가 컵과 다 컵에 담긴 물의 양을 그림으로 나타내면 다음과 같습니다.

35 표를 만들어 해결하기

수 카드의 수를 10개씩 묶음의 수와 낱개의 수에 한 번씩 써서 표로 나타내면 다음과 같습니다.

10개씩 묶음의 수	2	2	2	3	3	3
낱개의 수	3	6	7	2	6	7

10개씩 묶음의 수	6	6	6	7	7	7
낱개의 수	2	3	7	2	3	6

만들 수 있는 몇십몇은 23, 26, 27, 32, 36, 37, 62, 63, 67, 72, 73, 76입니다.
이 중에서 홀수는 23, 27, 37, 63, 67, 73으로 모두 6개입니다.

[참고] 낱개의 수가 1, 3, 5, 7, 9이면 홀수이고, 0, 2, 4, 6, 8이면 짝수입니다.

36 표를 만들어 해결하기

모양, 크기, 색깔이 바뀌는 규칙입니다.
모양은 ⬤, ⬛, △가 반복됩니다.
크기는 큰 것, 작은 것이 반복됩니다.
색깔은 보라색, 노란색, 분홍색, 연두색이 반복됩니다.
규칙에 따라 모양과 크기, 색깔을 표로 나타내면 다음과 같습니다.

	1번째	2번째	3번째	4번째	5번째	6번째
모양	⬤	⬛	△	⬤	⬛	△
크기	큰 것	작은 것	큰 것	작은 것	큰 것	작은 것
색깔	보라색	노란색	분홍색	연두색	보라색	노란색

	7번째	8번째	9번째	10번째
모양	●	■	▲	●
크기	큰 것	작은 것	큰 것	작은 것
색깔	분홍색	연두색	보라색	노란색

37 조건을 따져 해결하기

평평한 부분이 2개인 모양은 ⬭ 모양이고, 평평한 부분이 6개인 모양은 ⬛ 모양입니다.

따라서 ⬭ 모양은 5개, ⬛ 모양은 3개이므로

⬭ 모양은 ⬛ 모양보다 2개 더 많습니다.

38 조건을 따져 해결하기

- 만들 수 있는 두 자리 수 중에서 가장 큰 수는 54이고, 두 번째로 큰 수는 53입니다.
- 만들 수 있는 두 자리 수 중에서 가장 작은 수는 10이고, 두 번째로 작은 수는 12입니다.
➡ (두 번째로 큰 수)+(두 번째로 작은 수)
  =53+12=65

39 조건을 따져 해결하기

시소에서는 아래로 내려간 사람이 더 무겁습니다.
- 첫 번째 그림에서 상호가 신영이보다 더 무겁습니다.
  ➡ 상호>신영
- 두 번째 그림에서 호영이가 상호보다 더 무겁습니다.
  ➡ 호영>상호
- 세 번째 그림에서 신영이가 수민이보다 더 무겁습니다.
  ➡ 신영>수민
따라서 호영>상호>신영>수민이므로
몸무게가 무거운 사람부터 차례로 이름을 쓰면 호영, 상호, 신영, 수민입니다.

40 규칙을 찾아 해결하기

- 8-2=6, 1+5=6
- 24-12=12, 6+6=12
➡ 위의 수에서 아래의 수를 뺀 값은 왼쪽 수와 오른쪽 수를 더한 값과 같은 규칙이 있습니다.

38-33=5이므로 1+㉠=5,
㉠=5-1=4입니다.
8+4=12이므로 55-㉡=12,
㉡=55-12=43입니다.
➡ ㉠+㉡=4+43=47

다른풀이

1+2+5=8, 6+12+6=24
➡ 맨 위의 수는 나머지 세 수의 합과 같은 규칙이 있습니다.
1+33+㉠=38이므로 34+㉠=38,
㉠=38-34=4입니다.
8+㉡+4=55이므로 12+㉡=55,
㉡=55-12=43입니다.
➡ ㉠+㉡=4+43=47

[참고] 이외에도 다양한 규칙을 이용하여 답을 구할 수 있습니다.

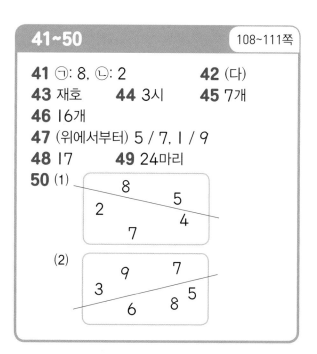

41~50 108~111쪽

41 ㉠: 8, ㉡: 2 **42** (다)
43 재호 **44** 3시 **45** 7개
46 16개
47 (위에서부터) 5 / 7, 1 / 9
48 17 **49** 24마리
50 (1)

```
    8
        5
  2
        4
    7
```

(2)

```
    9    7
  3
         5
    6   8
```

41 조건을 따져 해결하기

㉠은 10을 가른 수 중에서 하나이므로 10보다 작습니다.
또한 ㉠은 ㉡과 6을 모은 수이므로 6보다 큽니다.
따라서 ㉠은 7, 8, 9 중 하나입니다.

• ㉠=7일 때

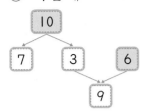

• ㉠=8일 때

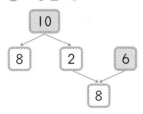

• ㉠=9일 때

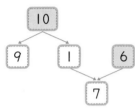

따라서 ㉠과 ㉡에 알맞은 수는 ㉠=8, ㉡=2
입니다.

42 표를 만들어 해결하기

가장 짧은 선의 길이가 모두 같으므로 그림에서 선
을 따라 가장 짧은 선의 수를 세어 표로 나타내면
다음과 같습니다.

기호	(가)	(나)	(다)	(라)
가장 짧은 선의 수(개)	9	8	11	10

가장 짧은 선의 수가 많을수록 선의 길이가 깁니다.
따라서 위의 표에서 선의 길이가 가장 긴 것을 찾
으면 (다)입니다.

43 표를 만들어 해결하기

재호와 현영이가 과녁을 맞힌 횟수를 표로 나타
내면 다음과 같습니다.

과녁판 점수	5점	3점	1점	0점
재호가 맞힌 횟수(번)	1	3	2	1
현영이가 맞힌 횟수(번)	2	1	2	2

(재호의 점수)
$=5+3+3+3+1+1+0=16$(점)
(현영이의 점수)
$=5+5+3+1+1+0+0=15$(점)
따라서 $16>15$이므로 이긴 사람은 재호입니다.

44 거꾸로 풀어 해결하기

시계의 짧은바늘은 2와 3 사이를 가리키고 긴바
늘은 6을 가리키므로 시계가 나타내는 시각은 2
시 30분입니다.

2시 30분에서 긴바늘이 시계 방향으로 숫자 눈
금 6칸만큼을 더 가면 긴바늘은 12를 가리키고
짧은바늘은 숫자 1칸의 반을 움직이므로 3을 가
리킵니다.

따라서 이 때의 시각은 3시입니다.

45 조건을 따져 해결하기

찾을 수 있는 크고 작은 ▨ 모양은 다음과 같습
니다.

▢ : 2개, ▭ : 1개, ▢ : 1개,

▯ : 1개,

▤ : 1개,

▥ : 1개

따라서 찾을 수 있는 크고 작은 ▨ 모양은 모두
$2+1+1+1+1+1=7$(개)입니다.

46 규칙을 찾아 해결하기

(가), (나), (다), (라)의 점의 수를 세어 규칙을 찾
으면
(가): 1개
(나): $1+1=2$(개)
(다): $2+2=4$(개)
(라): $4+4=8$(개)
위의 규칙에 따라 (마)에 찍어야 할 점은
$8+8=16$(개)입니다.

다른 전략 그림을 그려 해결하기

(나)부터 점과 점 사이에 점을 한 개씩 더 찍는 규
칙입니다.

(라)의 점과 점 사이에 점을 한 개씩 더 찍으면
다음과 같습니다.

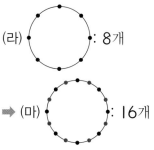

(라)　　　: 8개

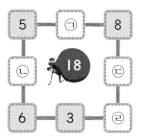

➡ (마)　　　: 16개

따라서 (마)에 찍어야 할 점은 16개입니다.

47 거꾸로 풀어 해결하기

5	㉠	8
㉡	18	㉢
6	3	㉣

식을 만들어 빈칸에 알맞은 수를 구하면 다음과 같습니다.

· 5+㉠+8=18이므로 13+㉠=18,
　㉠=18−13=5입니다.
· 5+㉡+6=18이므로 11+㉡=18,
　㉡=18−11=7입니다.
· 6+3+㉣=18이므로 9+㉣=18,
　㉣=18−9=9입니다.
· 8+㉢+9=18이므로 17+㉢=18,
　㉢=18−17=1입니다.

48 규칙을 찾아 해결하기

1◎2 ➡ 1+1+2=4,
3◎1 ➡ 3+3+1=7,
5◎2 ➡ 5+5+2=12이므로
■◎●는 ■+■+●로 계산하는 규칙입니다.
따라서 7◎3 ➡ 7+7+3=17입니다.

49 식을 만들어 해결하기

목장에 있는 동물의 수를 각각 식으로 나타내면 다음과 같습니다.
(말의 수)+(소의 수)+(양의 수)=79 …… ①
(말의 수)+(소의 수)　　　　　 =56 …… ②
　　　　 (소의 수)+(양의 수)=47 …… ③
①, ②에서
(양의 수)=79−56=23(마리)
①, ③에서
(말의 수)=79−47=32(마리)
②에서 32+(소의 수)=56,
(소의 수)=56−32=24(마리)

50 식을 만들어 해결하기

(1) 8+5=13,
　　2+7+4=13
(2) 3+9+7=19,
　　6+8+5=19

1회　　　　　　　　　　　　2~6쪽

1 4명　　　　　**2** ◇(정사각형 안 마름모 모양)

3 (왼쪽 신발부터) 의찬, 동현, 재성
4 13개　　　　**5** 88개　　　　**6** 37마리
7 8개　　　　　**8** 4마리　　　　**9** 13개
10 🐞: 4, 🐶: 2, 🐷: 3, 🦔: 5, 🐻: 1

1 태우네 모둠 학생 8명을 ○로 나타내면 다음과 같습니다.

예 (앞) ○○○○○●○○ (뒤)
　　　　　　　　　　태우

➡ (앞) ○○○●○○○○ (뒤)
　　　　　　　태우

따라서 지금 태우보다 뒤에 있는 학생은 4명입니다.

2 왼쪽에 있는 모양을 가운데에 있는 ▢ 모양
안에 넣으면 오른쪽 모양이 되는 규칙입니다.
따라서 규칙에 따라 ㉠에 알맞은 모양은
◇(정사각형 안 마름모) 입니다.

3 • 동현이의 발 길이를 먼저 그리고 의찬이의
발 길이를 동현이의 발 길이보다 더 짧게 그립니다.
　• 재성이의 발 길이를 동현이의 발 길이보다
더 길게 그립니다.

예 동현 ▬▬▬▬▬
　　의찬 ▬▬▬
　　재성 ▬▬▬▬▬▬▬

발 길이가 짧을수록 신발 길이도 짧습니다.
따라서 왼쪽 신발부터 차례로 의찬, 동현, 재성이의 신발입니다.

다른전략 • 조건을 따져 해결하기
동현이를 기준으로 조건을 따져 봅니다.
동현이의 발 길이는 의찬이의 발 길이보다 더 길

고, 재성이의 발 길이보다 더 짧습니다.
따라서 발 길이가 짧은 사람부터 차례로 쓰면 의찬, 동현, 재성이므로 왼쪽 신발부터 차례로 의찬, 동현, 재성이의 신발입니다.

4 숫자 1을 낱개의 수에 쓴 경우와 10개씩 묶음의 수에 쓴 경우로 나누어 생각해 봅니다.
　• 숫자 1을 낱개의 수에 쓴 경우: 1, 11, 21
　➡ 3개
　• 숫자 1을 10개씩 묶음의 수에 쓴 경우:
　10, 11, 12, 13, 14, 15, 16, 17, 18, 19
　➡ 10개
따라서 숫자 1은 모두 3+10=13(개)입니다.

주의 11에 쓴 숫자 1은 2개임에 주의합니다.

5 두 자리 수 ▨▲에서 ▨와 ▲를 더해서 16인 경우를 표로 나타내면 다음과 같습니다.

▨	7	8	9
▲	9	8	7

만들 수 있는 두 자리 수는 79, 88, 97이고
이 중에서 짝수는 88입니다.
따라서 피아노의 건반은 모두 88개입니다.

6 (남은 염소 수)
　=(처음에 있던 염소 수)−(판 염소 수)
　=39−15=24(마리)
　(남은 거위 수)
　=(처음에 있던 거위 수)−(판 거위 수)
　=24−11=13(마리)
닭은 모두 팔았으므로 남아 있지 않습니다.
➡ (농장에 남아 있는 동물 수)
　=(남은 염소 수)+(남은 거위 수)
　=24+13=37(마리)

7 • 효준이가 지선이에게 사탕을 주기 전 두 사람이 가지고 있던 사탕은 효준이는 5+3=8(개), 지선이는 5−3=2(개)입니다.
　• 효준이가 사탕을 먹기 전 두 사람이 가지고 있던 사탕은 효준이는 8+2=10(개), 지선이는 2개입니다.

따라서 처음에 가지고 있던 사탕은 효준이가 지선이보다 $10-2=8$(개) 더 많았습니다.

 그림을 그려 해결하기

사탕 수만큼 ○로 나타내면 다음과 같습니다.

효준: ○○○○○
지선: ○○○○○

효준이가 지선이에게
사탕을 주기 전
효준: ○○○○○○●●●
지선: ○○○⊘⊘

효준이가
사탕을 먹기 전
효준: ○○○○○○●●●
●●
지선: ○○○⊘⊘

따라서 처음에 가지고 있던 사탕은 효준이가 지선이보다 8개 더 많았습니다.

8 3명의 아들에게 줄 낙타 수와 그 합을 표로 나타내면 다음과 같습니다.

첫째 아들에게 줄 낙타 수(마리)	2	3	4	5
둘째 아들에게 줄 낙타 수(마리)	1	2	3	4
셋째 아들에게 줄 낙타 수(마리)	0	1	2	3
낙타 수의 합(마리)	3	6	9	12

첫째 아들에게 줄 낙타 수(마리)	6	7	……
둘째 아들에게 줄 낙타 수(마리)	5	6	……
셋째 아들에게 줄 낙타 수(마리)	4	5	……
낙타 수의 합(마리)	15	18	……

위의 표에서 낙타 수의 합이 15인 경우를 찾으면 첫째 아들에게 6마리, 둘째 아들에게 5마리, 셋째 아들에게 4마리의 낙타를 주면 됩니다.
따라서 셋째 아들에게 주어야 할 낙타는 4마리입니다.

9 • △ 1개짜리로 이루어진 △ 모양: △

• △ 4개짜리로 이루어진 △ 모양:

• △ 9개짜리로 이루어진 △ 모양:

△ 1개짜리, 4개짜리, 9개짜리로 이루어진 크고 작은 △ 모양의 수를 표로 나타내면 다음과 같습니다.

△의 수	1개짜리	4개짜리	9개짜리
△ 모양의 수	9개	3개	1개

따라서 주어진 모양에서 찾을 수 있는 크고 작은 △ 모양은 모두 $9+3+1=13$(개)입니다.

10 🐶－🐕＝🐩이므로 🐶과 🐩에 알맞은 수는 🐶＝2, 🐩＝1 또는 🐶＝4, 🐩＝2입니다.
이때 🐻＋🐷＝🐶이므로 🐶은 2가 될 수 없습니다. ➡ 🐶＝4, 🐩＝2
따라서 남은 동물에 알맞은 수는 각각 1, 3, 5 중 하나이고 🐷＋2＝🐵, 🐻＋🐷＝4이므로 나머지 동물에 알맞은 수를 표로 나타내면 다음과 같습니다.

동물	🐷	🐵	🐻
나타내는 수	1	3	3
	3	5	1
	5	7	알맞은 수 없음.

따라서 🐷＝3, 🐵＝5, 🐻＝1입니다.

참고 각 동물에 알맞은 수를 구한 후 조건을 만족하는지 수를 넣어 확인해 봅니다.

2회   7~11쪽

1 3개   **2** (나), (가), (다)
3 3개   **4** 10개
5 (가) 민호, (나) 유진, (다) 수빈, (라) 소희
6 모양, 4개
7 (위에서부터) 6 / 7 / 2, 4
8 3개   **9** 20   **10** 14

1 • 6▢＞63에서 ▢ 안에 들어갈 수 있는 수는 4, 5, 6, 7, 8, 9입니다.
• 77＞▢9에서 ▢ 안에 들어갈 수 있는 수는 1, 2, 3, 4, 5, 6입니다.
따라서 ▢ 안에 공통으로 들어갈 수 있는 수는 4, 5, 6으로 모두 3개입니다.

2 바둑돌을 많이 올려놓은 접시일수록 무게가 가볍습니다.

접시에 올려놓은 바둑돌 수는 (가) 3개, (나) 5개, (다) 1개입니다.

따라서 가벼운 접시부터 차례로 기호를 쓰면 (나), (가), (다)입니다.

3 10개씩 묶음의 수와 낱개의 수가 될 수 있는 수 카드의 수를 표로 나타내면 다음과 같습니다.

10개씩 묶음의 수	1	1	1	2	2
낱개의 수	0	1	2	0	1

만들 수 있는 두 자리 수는 10, 11, 12, 20, 21이고 이 중에서 짝수는 10, 12, 20입니다.

따라서 만들 수 있는 수 중에서 짝수는 모두 3개입니다.

4 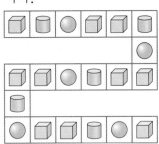이 반복되는 규칙입니다.

규칙에 따라 빈칸을 모두 채우면 다음과 같습니다.

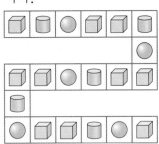

따라서 늘어놓은 ▢ 모양은 모두 10개입니다.

5 각 상자의 구슬 수를 세어 보면

(가) 5개, (나) 6개, (다) 10개, (라) 4개입니다.

• 첫 번째 조건에서 유진이는 소희보다 구슬을 2개 더 많이 가지고 있으므로 (나)는 유진이의 상자, (라)는 소희의 상자입니다.

• 남은 (가)와 (다) 상자가 민호와 수빈이의 상자이고 두 번째 조건에서 민호는 수빈이가 가진 구슬 수의 반을 가지고 있으므로 (가)는 민호의 상자, (다)는 수빈이의 상자입니다.

(참고) 상자 (다)에서 구슬 10개를 양쪽에 있는 구슬 수가 같도록 선을 그어 나누어 보면 한 쪽에 5개씩입니다.

 ➡ 10개의 반은 5개입니다.

6 자른 색종이를 펼친 그림을 그리면 다음과 같습니다.

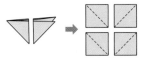

따라서 ▢ 모양이 4개 만들어집니다.

7 1, 3, 5가 주어져 있으므로 빈칸에 들어갈 수 있는 수는 2, 4, 6, 7입니다.

이 때 가운데 빈칸에는 6 또는 7을 넣어야 1이 있는 줄의 세 수의 합을 14로 만들 수 있습니다.

• 가운데 빈칸이 6일 때

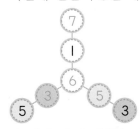

➡ 다른 칸과 겹치는 수가 생깁니다.

• 가운데 빈칸이 7일 때

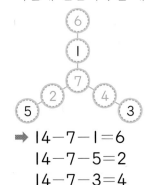

➡ $14-7-1=6$
$14-7-5=2$
$14-7-3=4$

8 경태를 제외하고 붙임딱지를 많이 가진 사람부터 차례로 쓰면 민지, 재성, 중현, 윤아입니다.

경태는 세 번째로 붙임딱지를 많이 가지고 있으므로 재성이보다 적고 중현이보다 많이 가지고 있어야 합니다.

경태가 가지고 있는 붙임딱지 수는 53과 57 사이에 있는 수이므로 54, 55, 56 중 하나입니다.

따라서 ㉠에 들어갈 수 있는 수는 4, 5, 6으로 모두 3개입니다.

9 34보다 2 큰 수는 34+2=36입니다.
어떤 수를 ☐라고 하여 차례로 식을 만들어 봅니다.

$$
\begin{array}{r}
\boxed{} \\
+\ 6\ 9 \\
\hline
\bigcirc
\end{array}
\qquad
\begin{array}{r}
\bigcirc \\
-\ 3\ 6 \\
\hline
5\ 3
\end{array}
$$

이 식을 거꾸로 풀면
○=53+36=89이고,
☐=89-69=20입니다.
따라서 어떤 수는 20입니다.

10 규칙을 찾으면 각 칸이 나타내는 수는 다음과 같습니다.

4	8
1	2

그림이 나타내는 수는 ○가 있는 칸이 나타내는 수의 합과 같습니다.

따라서

④	⑧
1	②

이므로 2+4+8=14입니다.

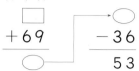

3회 12~16쪽

1 15명
2 중국, 인도네시아, 싱가포르, 대한민국
3 가 　　　**4** 21개 　　　**5** 13
6 11시 　　　**7** 30쪽 　　　**8** 8개
9 9개 　　　**10** 2

---

1 45의 10개씩 묶음의 수만큼 ○를 그리고, 낱개의 수만큼 △를 그리면 다음과 같습니다.

10개씩 묶음의 수	○○○○
낱개의 수	△△△△△

긴 의자 한 개에 10명씩 앉을 수 있고 긴 의자는 3개이므로 위의 그림에 ○ 3개를 /으로 지우면 ○ 1개와 △ 5개가 남습니다.
따라서 의자에 앉지 못하는 어린이는 15명입니다.

2 빨간색 부분이 가장 넓은 국기는 중국이고 빨간색 부분이 가장 좁은 국기는 대한민국입니다.
인도네시아와 싱가포르 중 빨간색 부분이 더 넓은 국기는 인도네시아입니다.
따라서 빨간색 부분이 넓은 국기부터 차례로 나라의 이름을 쓰면 중국, 인도네시아, 싱가포르, 대한민국입니다.

3 왼쪽 모양과 가, 나에 있는 ▱ 모양, ▯ 모양, ● 모양의 수를 표로 나타내면 다음과 같습니다.

모양	▱	▯	●
왼쪽 모양	2개	5개	5개
가	2개	5개	5개
나	4개	3개	5개

따라서 왼쪽 모양을 만들 수 있는 것은 가입니다.

4 20과 35 사이에 있는 수 중에서 10개씩 묶음의 수가 낱개의 수보다 1 큰 수는 21과 32입니다.
이 중에서 홀수는 21입니다.
따라서 병뚜껑 톱니는 21개입니다.

5 4+●=8이므로 ●=8-4=4입니다.
4+▲=7이므로 ▲=7-4=3입니다.
▨-3=3이므로 ▨=3+3=6입니다.
➡ ㉠=●+▲+▨=4+3+6=13

6 11+12=23, 12-11=1이므로 합이 23이고 차가 1인 두 수는 11, 12입니다.
따라서 짧은바늘은 11을 가리키고, 긴바늘은 12를 가리키므로 시계가 나타내는 시각은 11시입니다.

7 2쪽, 4쪽, 6쪽이므로 전날보다 2쪽씩 더 많이 읽는 규칙입니다.
5일 동안 읽은 동화책의 쪽수는 차례로 2쪽, 4쪽, 6쪽, 8쪽, 10쪽입니다.
　+2　+2　+2　+2
따라서 수림이가 5일 동안 읽은 동화책은 모두 2+4+6+8+10=30(쪽)입니다.

8 그림과 같이 ☐ 모양과 △ 모양을 같은 수만큼 / 으로 지워 모양의 수의 차를 알아봅니다.

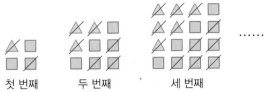

첫 번째　　　두 번째　　　　　세 번째

☐ 모양과 △ 모양의 수의 차는 첫 번째: 2개, 두 번째: 3개, 세 번째: 4개입니다.

규칙에 따라 ●번째에 알맞은 모양에서 ☐ 모양과 △ 모양의 수의 차는 ●보다 1 큽니다.

따라서 7번째에 알맞은 모양에서 ☐ 모양과 △ 모양의 수의 차는 7+1=8(개)입니다.

9 두 사람에게 남은 초콜릿 수의 합이 9개인 경우를 표로 나타내고 초콜릿 수의 차를 구하면 다음과 같습니다.

정민이가 먹고 남은 초콜릿 수(개)	0	1	2	3	4
예지가 먹고 남은 초콜릿 수(개)	9	8	7	6	5
두 사람이 먹고 남은 초콜릿 수의 차(개)	9	7	5	3	1

정민이와 예지가 먹은 초콜릿 수의 차는 3개이므로 남은 초콜릿 수의 차도 3개입니다.

위의 표에서 정민이가 먹고 남은 초콜릿은 3개, 예지가 먹고 남은 초콜릿은 6개입니다.

따라서 처음 정민이가 가지고 있던 초콜릿은 3+6=9(개)입니다.

다른 전략 ▶ 거꾸로 풀어 해결하기

(두 사람이 먹기 전 처음 가지고 있던 초콜릿 수의 합)

−(정민이가 먹은 초콜릿 수)

−(예지가 먹은 초콜릿 수)

=(남은 초콜릿 수의 합)이므로

(두 사람이 먹기 전 처음 가지고 있던 초콜릿 수의 합)−6−3=9,

(두 사람이 먹기 전 처음 가지고 있던 초콜릿 수의 합)=9+3+6=18(개)입니다.

처음 정민이와 예지가 가지고 있던 초콜릿 수는 같으므로 9+9=18에서 처음 정민이가 가지고 있던 초콜릿은 9개입니다.

(참고) 정민이가 예지보다 초콜릿을 더 많이 먹었으므로 정민이가 먹고 남은 초콜릿 수가 더 적습니다.

10 가운데 칸은 옆으로 나란히 있는 세 수의 합과 아래로 나란히 있는 세 수의 합에 모두 겹치는 곳입니다.

따라서 가운데 칸에 들어가는 수가 5일 때 세 수의 합이 가장 크고, 1일 때 세 수의 합이 가장 작습니다.

• 세 수의 합이 가장 클 때: 5를 가운데 칸에 써넣고 1, 2, 4를 알맞게 써넣으면 한 줄에 있는 세 수의 합이 10이 됩니다.

1+5+4=10　또는
3+5+2=10

4+5+1=10
3+5+2=10

• 세 수의 합이 가장 작을 때: 1을 가운데 칸에 써넣고 2, 4, 5를 알맞게 써넣으면 한 줄에 있는 세 수의 합이 8이 됩니다.

2+1+5=8　또는
3+1+4=8

5+1+2=8
3+1+4=8

따라서 ●=10, ▲=8이므로
●−▲=10−8=2입니다.

문제 해결의 길잡이 심화

수학 1학년

www.mirae-n.com

학습하다가 이해되지 않는 부분이나 정오표 등의
궁금한 사항이 있나요?
미래엔 홈페이지에서 해결해 드립니다.

교재 내용 문의
나의 교재 문의 | 수학 과외쌤 | 자주하는 질문 | 기타 문의

교재 자료 및 정답
동영상 강의 | 쌍둥이 문제 | 정답과 해설 | 정오표

우리 아이 바른 공부 습관
미래엔 에듀

http://cafe.naver.com/mathmap

함께해요!
바른 공부법 캠페인

궁금해요!
교재 질문 & 학습 고민 타파

공부해요!
미래엔 에듀 초등 교재

참여해요!
선물이 마구 쏟아지는 이벤트

초등학교

학년   반   이름

예비초등

한글 완성
초등학교 입학 전
한글 읽기·쓰기 동시에 끝내기 [총3책]

예비 초등
자신있는 초등학교 입학 준비!
[국어, 수학, 통합교과, 학교생활 총4책]

 **독해**

독해 시작편
초등학교 입학 전 독해 시작하기
[총2책]

독해
교과서 단계에 맞춰 학기별
읽기 전략 공략하기 [총12책]

비문학 독해 사회편
사회 영역의 배경지식을 키우고,
비문학 읽기 전략 공략하기 [총6책]

비문학 독해 과학편
과학 영역의 배경지식을 키우고,
비문학 읽기 전략 공략하기 [총6책]

 **쏙셈**

쏙셈 시작편
초등학교 입학 전 연산 시작하기
[총2책]

쏙셈
교과서에 따른 수·연산·도형·측정까지
계산력 향상하기 [총12책]

창의력 쏙셈
문장제 문제부터 창의·사고력 문제까지
수학 역량 키우기 [총12책]

ENGLISH BITE

알파벳 쓰기
알파벳을 보고 듣고 따라 쓰며 읽기·쓰기
한 번에 끝내기 [총1책]

파닉스
알파벳의 정확한 소릿값을 익히며
영단어 읽기 [총2책]

사이트 워드
192개 사이트 워드 학습으로
리딩 자신감 쑥쑥 키우기 [총2책]

영단어
학년별 필수 영단어를 다양한
활동으로 공략하기 [총4책]

영문법
예문과 다양한 활동으로
영문법 기초 다지기 [총4책]

 **한자**
교과서 한자 어휘도 익히고
급수 한자까지 대비하기
[총12책]

 중국어
신 HSK 1, 2급 300개 단어를
기반으로 중국어 단어와 문장
익히기 [총6책]

 큰별★쌤 최태성의
한국사
큰별쌤의 명쾌한 강의와 풍부한 시각
자료로 역사의 흐름과 사건을 이미지
로 기억하기 [총3책]

 하루 한장 학습 관리 앱
**손쉬운 학습 관리로 올바른
공부 습관을 키워요!**

바른 학습 길잡이
바로 알기 시리즈

바로 알기 시리즈는 학습 감각을 키웁니다.

학습 감각은 학습의 기본이 되는 힘으로,

기본 바탕이 바로 서야 효과가 있습니다.

기본이 바로 선 학습 감각을 가진 아이는

어렵고 힘든 문제를 만나면 자신 있는 태도로

해결하고자 노력합니다.

미래엔의 교재로

초등 시기에 길러야 하는 학습 감각을

바로 잡아 주세요!

도형 감각

쉽고 재미있게 도형의 직관력과 입체적 사고력을 키워요!

- 그리기, 오려 붙이기, 만들기 등 구체적인 활동을 통한 도형의 바른 개념 형성

- 다양한 도형 퀴즈를 통해 공간 감각 능력 신장

 1~6학년 학기별 [총12책]